高貴な樹脂・ハーブ・スパイスを楽しむ

インセンスガイド

改訂新版

癒しのお香

ガイアブックスは

地球《ガイア》の自然環境を守ると同時に

心と身体の自然を保つべく

“ナチュラルライフ”を提唱していきます。

改訂新版

癒しのお香

― 高貴な樹脂・ハーブ・スパイスを楽しむ インセンスガイド―

長谷川弘江 監修・著

カーリン・ブランドル 著

畑澤裕子 訳

CONTENTS …【目次】…

お香の楽しみを暮らしの中に

私たちの生活には、香りで満ちています。よい香りは人の感性を磨き、人生に潤いをもたらします。ハーブやアロマテラピーがブームを呼び、香りに対する関心が高まっています。

歴史上、古代にでてくる薫香（くんこう）は、お香のことです。ヨーロッパだけでなく、日本にもお香文化が伝わっています。僧・司祭や巫女、貴族といった、限られた人しか体験できない貴重なものであり、心と身体、そして魂を、鎮め、蘇らせ、癒すとされてきました。

香りを表す言葉（Perfume）は、ラテン語のPer fumum（煙を通して）が語源といわれ、古代からハーブ（植物）や樹脂を燃やして香りを作ることは、祈りや儀式と深く関わり利用され、香は神と人をつなぐ媒介の役割を果たしていたのです。

この素敵なインセンスの本をご紹介でき、このたび改訂というお話をいただいてとてもうれしく思います。この本のおかげで、日本のお香について学び、ドイツでも、お香講座を開催させていただきました。

身近な植物を料理・お茶にするだけでなく、入浴そして、乾かして燃やしてみてください。たゆむ煙を見ながら香りを感じると優しい気持ちになれるように思います。季節に合わせ、自分だけのブレンドを手作りする楽しみも素晴らしいものです。

長谷川 弘江

幼いころ見た火の魔法

火は昔から人間を大いに魅了してきました。太古の人間にとって、火は、温かさ、光、そして守護を意味し、生命そのものでした。火のあるところでは、嗅ぎつけて襲ってくる動物に抵抗する力も生まれました。火は野生の獣を遠ざけ、生の食物を消化のよい食事に変えたのです。

火の根元的な力は、今なお人間を強くひきつけるものです。たとえば、パチパチとはじけて燃え上がるキャンプファイヤーや暖炉の火を前にしたとき、私たちはそのパワーに魅せられてしまいます。

赤く燃える炭を置いた香炉は、私にとって小さなキャンプファイヤーのようなものです。その前にすわって香りを焚くと、まるで魔法にかかったように、私の中に眠っていた「子ども」が現れてきて、遠い日の「火に餌をあげる」薪をくべる遊びを思い出してしまいます。

幼いころ、わが家には鋳鉄の石炭ストーブがあって、冬の間は毎朝火をかき起こさなければなりませんでした。近ごろでは、こんな大がかりなものはめったに見かけなくなりました。今はスイッチをひとつひねるだけで、自動的に調整された、目には見えない火が燃えあがり、その火が、心地よい部屋から離れた別の場所で、ひそかに何時間も燃えつづけてくれます。まず一度はしっかり燃え上がり、それから定期的に燃料を入れなければ、機嫌よく部屋をあたためてくれないストーブとは大違い。「火が消えないように、見ててね」母がそう言って買い物に出かけると、私はなんてうれしかったことか！

ストーブの炎が消えて、石炭や練炭が底で真っ赤に燃えているのが見えると、私は扉を開けてのぞきこみました。そして、熱風を顔に受けながら、「さあ、おなかがすいたでしょ？」と新聞紙や薪を投げ込むのです。ちろちろと燃え上がってくる炎と、投げ込んだ新聞紙などが熱で激しく踊り出すのを、わくわくしながら眺めたものでした。

ときには大胆にも、ストーブの扉から炎がはみ出すほど大きな紙を投げ込んだりしたこともあります。とりわけ、役目を終えたクリスマスツリーの毬果や芳しい枝が、パチパチとはじけて燃えるのは、一番のお気に入りでした。ストーブも大喜びでパチパチと音をたてているような気がして……。

ドイツでは、今はほとんどの家がセントラルヒーティングで、台所のコンロですら火を使わないものが増えました。ふだん生活していて、炎を目の当たりにするのは、ろうそくをつけたときくらいのものでしょう。

ろうそくのおだやかな炎も悪くはありませんが、餌をねだって真っ赤に燃える炭の力に比べたらどうでしょうか？　乾燥した葉や茎などが、火の上で丸まったり体をくねらせたりして、かすかなため息をもらし、あるいはパチパチ言いながら、神秘的な香りの細い糸を天へ送り届け、やがて燃え尽きて黒い灰になっていくとき、それは風変わりな舞台のひと幕を見るようです。こんなに魅力的で、しかもリラックスできるすてきな遊びは、私にはなくてはならないものです。

植物の香りは、力を与え、慰め、ときには守り、空気を浄化してくれるものです。薫香は、特別な形の瞑想にもなりますし、単調な日常から連れ出してリラックスさせてくれる儀式にもなります。

そして、火という根元的な要素と、その変換の力に触れさせてくれるのも薫香です。燃焼は、束縛されていた力を解放します。植物やインセンスには治癒力があり、これが薫香によって解き放たれるのです。樹脂や木の中には、ふつうの状態ではほとんど香らないものもあります。赤く燃える炭の上においてはじめて、その芳香が放たれて、私たちはその中に宿っていた精気を感じ取ることができるのです。

匂いは、私たちの脳がもっともよく記憶するもので、深層意識の中の強い連想を呼び覚まします。インセンスの香りは、すばらしい夢の庭へと誘い、想像力を活性化して、同時にまた、鎮静し、リラックスさせ、眠りを促すのです。

ここには、新しい世界への入り口があります。ぜひ試してみる価値のある世界です。この小さな本を、ひとつのきっかけにしてください。私が長年実践してきた薫香の体験をベースにして書いたものです。ここで取り上げているインセンスは、すべて私自身が試したもので、レシピの章ではそれらを使ったブレンドもご紹介しています。

それでは、すてきな薫香の世界をたっぷりお楽しみください！

カーリン・ブランドル

1. インセンスの材料

この章では、インセンスとして使えるものについて、
効果や使い方のポイントを説明します。
薫香は古代から治療法としても用いられてきました。
材料の中には、薫香以外の方法で
医学的医療に使われる薬草もたくさん含まれています。

身近な素材でインセンスを

インセンス（薫香）には、ハーブ、樹脂、スパイスなどを使います。樹脂を多く含む、香りのよい木もインセンスに適しています。ここでは、できるだけ手に入りやすいものを選びました。ひょっとすると薫香に適した香りのよい植物が、あなたの身の周りに見つかるかもしれませんよ。

私の友人の庭には、ロシアンセージという、かわいいすてきな植物が生えていましたが、これは乾燥させた状態で嗅いでみると、とてもいい香りがして、インセンスとしての性質をあらわしました。ぜひ、香りのよい植物の小枝を集めて、乾燥させてみてください。樹皮や木片などにも、芳香を放つものがあります。

マツ、モミ、トウヒなどの針葉樹の樹脂は、森を散歩しながらでも手に入れることができます。表面に出てきた粘々した樹脂を、そっと幹からかき取って、小さなガラス容器などに入れて持ち帰り、よく乾燥させたあと、試しに少量焚いてみましょう。そのあとで、またいくらか量を増やしてみたりしてください。

インセンスとして使える
ハーブ、スパイス、樹脂、木

この章では私がインセンスとして愛用している植物について、名称、ラテン語学名、使用部位、香りの特徴、作用、ストレートで焚くのがよいかブレンドに適しているか、などをご紹介します。

材料を細かくするには、すり鉢でするか、または古いコーヒーミル（できるだけ、粉砕の調整がきくもの）で粉末にします。トンカビーンズやナツメグには、小型のおろし金を使います。

《ハーブとスパイス》

ジュニパー（果実）

Juniperus communis　ビャクシン柏槇

強くて渋い、風味の強い香りで、古代から魔法の植物とされてきました。強壮、浄化作用があり、好ましくないバイブレーションを取り除いて保護します。ジュニパーベリーは、光の担い手として浄化の薫香には欠かせません。果実を焚く場合は、細かく刻むか、またはすり鉢でしっかりすりつぶして使います。お金と成功の魔法になります。ブレンドが最適。

ローズマリー（葉、茎）

Rosmarinus officinalis　マンネンロウ

繊細で風味の強い香りが、長く香ります。マイナス思考を取り除いて、意志を強くし、また、爽やかな気持ちにして、力を与えます。ジュニパーと並んで、古代から悪霊や悪魔に対する守りの植物として用いられてきました。ストレートでもブレンドでも。乾燥させた葉と茎を細かくして焚きます。

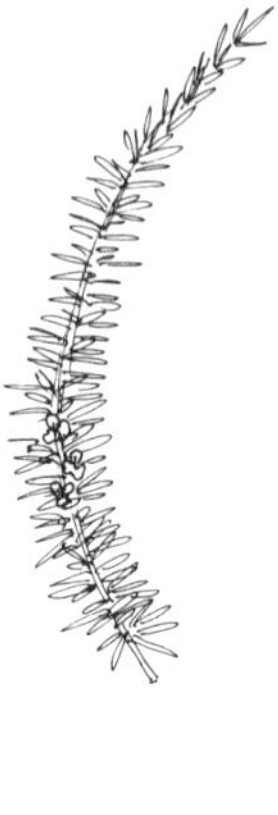

セージ(葉茎)

Salvia officinalis

風味が強く、草の渋みがあるすてきな芳香。薬草としても強力です。悪霊を追い払い、ネガティブな影響を防ぎます。とくに浄化作用は強力です。また、透視力を促す夢見魔法のハーブのひとつ。葉全体、または小さく摘みとった部分を焚きます。ストレートで焚くのに向いていますが、ブレンドにも合います。

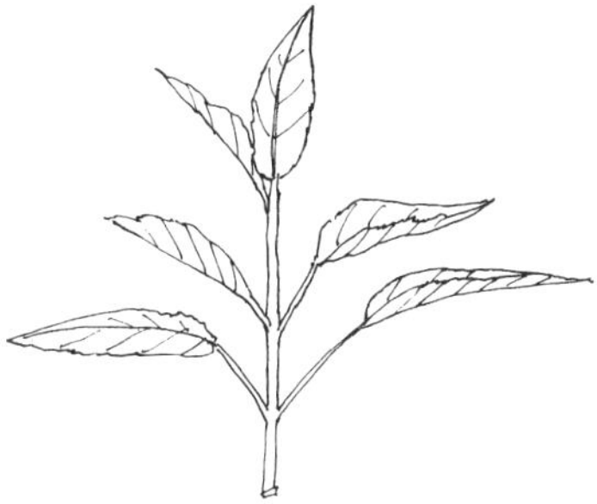

ラベンダー(花、葉茎)

Lavandula (officinalis) angustifolia

繊細でフローラルな香り。葉茎の香りは花よりも持続します。浄化し、爽やかにし、秩序を与えます。ネガティブな思考を取り除いて、魂を浄める香りです。ラベンダーとセージのブレンドは、軽快にし明断にする組み合わせ。花はブレンドに、葉茎はストレートに適しています。葉は小さく摘みとり、花は全体をそのままブレンドしてください。

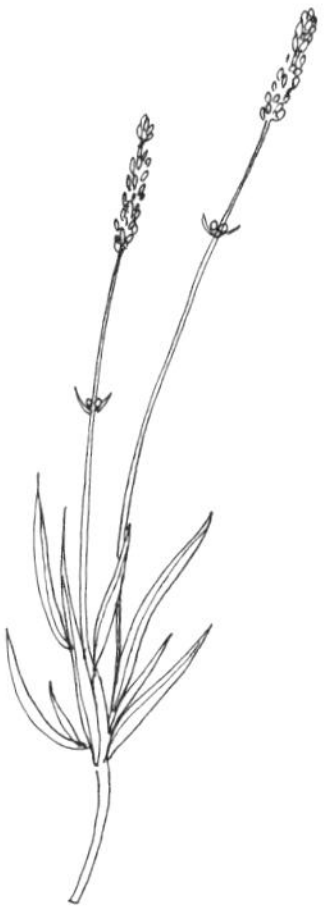

パチュリー（葉茎）

Pogostemon cablin (Pogostemon patchouli)　かっ香

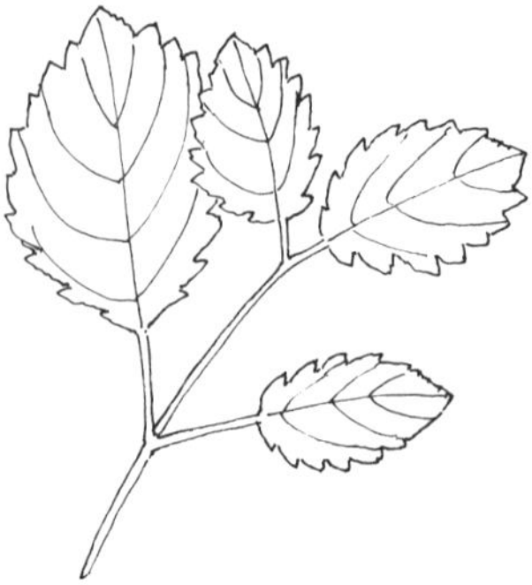

土っぽくて、官能的な、とても風味の強い香り。まったく苦手という人もいて、好き嫌いにはかなり個人差があります。力づけて活性化し、官能的な作用がありますが、保護するはたらきもあり、私たちの体にしっかりと根をおろします。加えると、さまざまなハーブブレンドをまろやかにします。

ヒソップ（葉茎）

Hyssopus officinalis

風味の強い、草の、あたためる香り。魂をあたためて慰め、明晰にし、集中力を高めます。繊細で、マスチックとマートルによく合います。小さな葉全体をそのまま使います。

ワームウッド（葉茎）、ニガヨモギ

Artemisia vulgaris (Artemisia absinthium)

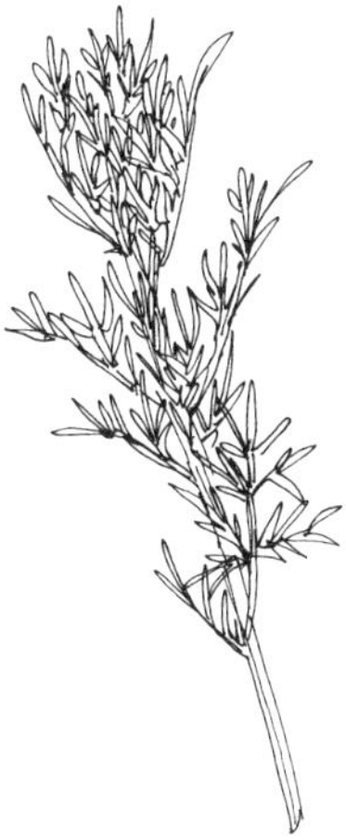

草のあたたかな香り。強い浄化力があり、エネルギーの流れをよくして、ネガティブな力を吹き飛ばします。つぼに直接置いて使うモグサも、よもぎから作られます。身体の経絡エネルギーを活性化させます。小さく摘みとった葉と茎を、ほかのハーブとブレンドしてください。アブサンという蒸留酒の風味付けに用いられます。

タイム（葉茎）

Thymus vulgaris

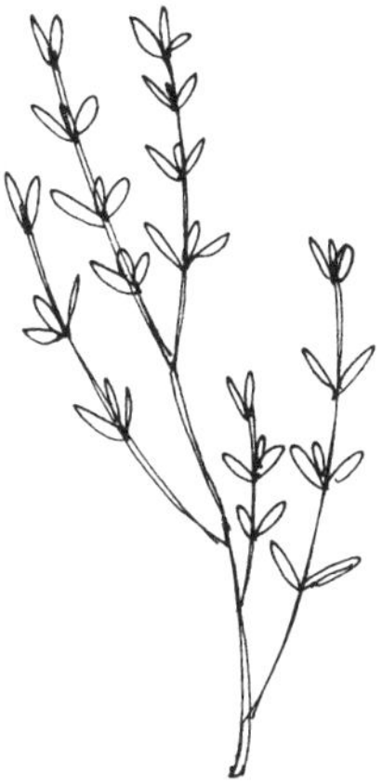

草の、風味のきいた強い芳香。精神的に弱っているときに元気づけ、マイナス思考を追い払って、目標達成への力を与えます。消毒、浄化作用があります。力強さのブレンドに用いられ、乳香やマスチックとよく合います。葉茎全体を焚くことができます。日本でも伊吹麝香草として古くから利用されていたハーブのひとつ。

ミント（葉茎）

Mentha piperita　ペパーミント

風味の強い、フレッシュなペパーミントの香り。すっきりさせて、浄化し、爽やかにして、知的作業の集中力を高めます。小さく摘みとったものをブレンドしてください。日本でも薄荷として医薬品やお菓子のフレーバーに使われています。

セントジョンズワート（葉茎）

Hypericum perforatum

風味のある芳香。気分を明るくし、うつ状態を追い払って、バランスをとります（ハーブティーにしても同じ効果があります）。この植物は太陽の運び手とされるので、私は夏至と冬至のブレンドに使っています。日本では弟切草として、薬草としての伝説があります。

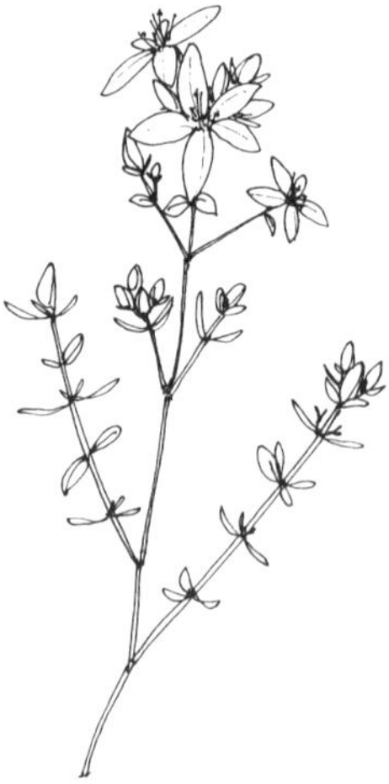

ナツメグ(実)

Myristica fragrans

あたたかくてスパイシー。治癒力が強く、活性化し、鼓舞して、力を結集させます。守る作用も強力。量が過ぎると陶酔作用があるので、使うときは少量に抑えてください。ブレンドが最適。おろし金でほんの少しすりおりして、加えます。日本ではニクヅクとよび、香辛料に使われています。

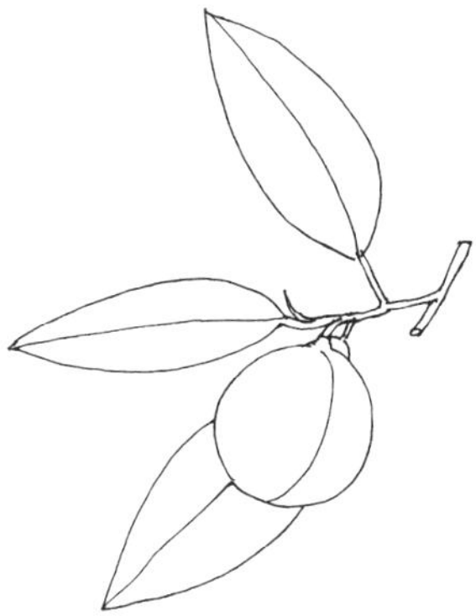

ナツメグ(花)

Myristica fragrans

作用はナツメグの実に似ていますが、こちらの方がマイルドです。私はよくカルダモンとミルラをいっしょに焚きます。オレンジ色の部分を小さくして使ってください。

カルダモン（果実）

Elettaria cardamomum

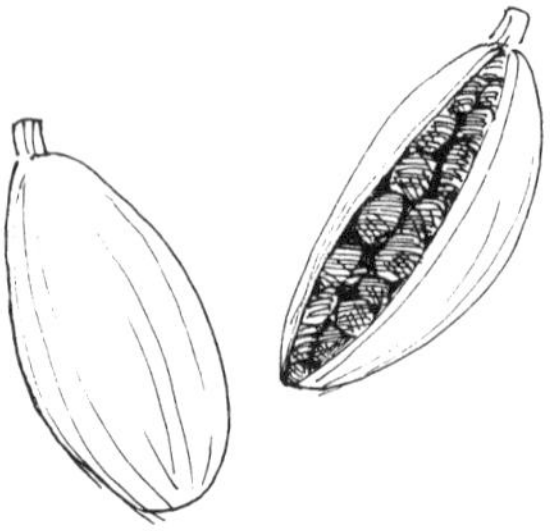

強くて、甘い香り。ドイツではクリスマスのお菓子レープクーヘンに、香りづけとして使います。レバノンではコーヒーの香りづけに使いますが、紅茶にも2、3粒つぶして入れるとよいでしょう。あたため、元気づけ、自信を与えて不安を追い払います。インセンスとしては、たいてい、鞘の中の黒い種をひいて粉末にしたものを用います。ブレンドするのが最適。

ジンジャー（根）

Zingiber officinalis　しょうが

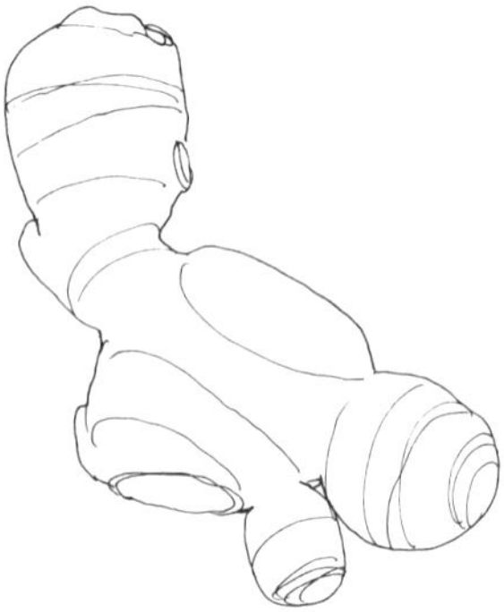

シャープで、ペッパー風の香り。漢方では強壮剤や胃薬として用いられます。強いブロックも克服して、エネルギーを活性化し、強力に解きほぐして、流れをよくします。粉末にしてブレンドするのが最適。日本でも料理の腐敗防止のために薬味として使われています。

ガランガル（根）

Alpinia officinarum Hance　高良姜（コウリョウコウ）

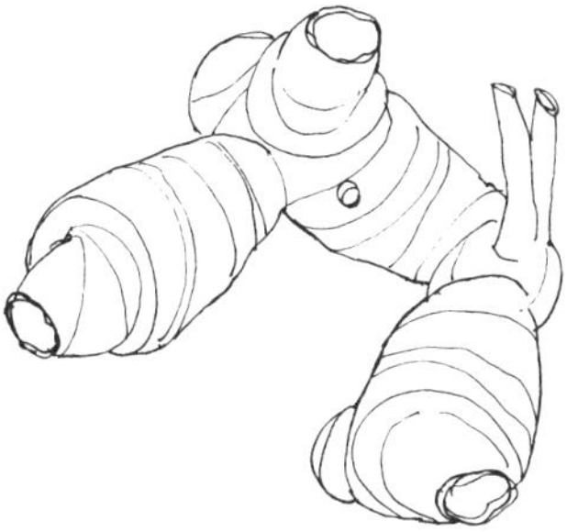

ジンジャーに似ていますが、シャープさはそれほどなく、フルーティな芳香です。ジンジャーほどではありませんが、精神的なブロックを解く作用もあります。精神的なプロセスと発展をサポート。粉末にしてブレンドするのが最適。

クローブ（花）

Syzigium aromaticum　チョウジ

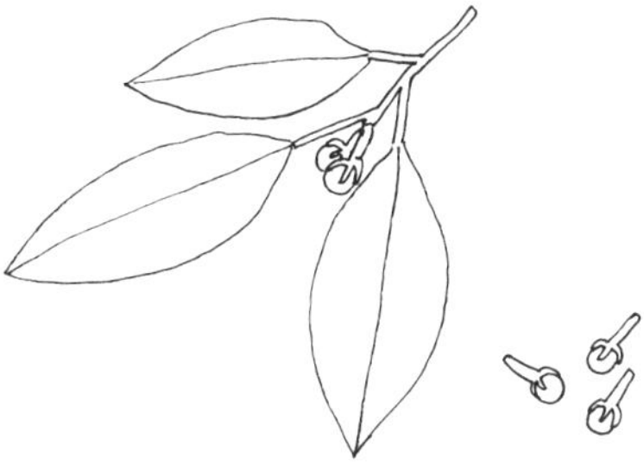

甘くてあたたかい、強力な香り。ドイツではクリスマスのお菓子レープクーヘンに使います。昔は歯痛のときにクローブをかみました。過去から解放し、新しいものへと気持ちを開かせます。安定させ、宇宙的な生成の循環に順応させ、人生におけるあらゆる移行期で力になり、魂をなぐさめます。粉末にするか、または押しつぶして、ブレンドに加えるのが最適。日本では、丁子の名で「今治水」という歯痛の薬、香料の他、殺菌剤や胃腸薬に使われています。

コリアンダー(果実)

Coriandrum sativum

小さな褐色の粒で、すり鉢ですっているときから強く香ります。パンにスパイスとして使ったりします。無意識の中にある抑圧に光をあてて、解消し、精神的な成熟を促して、妨げられた対人関係のバランスをとります。災いを追い払う力もあります。すり鉢ですって粉末にするとよいでしょう。ブレンドが最適で、マスチックや乳香などの樹脂とよく合います。日本でもコエンドロといい、芳香性健胃薬でもあり、駆風剤に使われています。

アニス(果実)

Pimpinella anisum

甘い、スパイス系の香り。ドイツではクリスマスのお菓子のスパイス。胃薬として、または喉や気管支の不調に用いられます。香りは不安を解消し、慰め、ささえになります。ブレンドに使うのが最適。果実をすり鉢ですりつぶしてください。インドでは食後に噛んでいます。

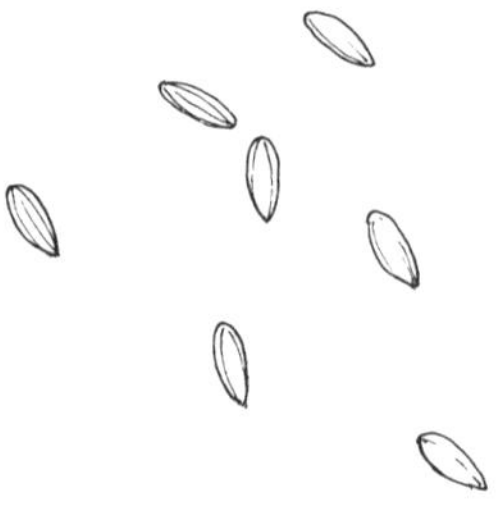

フェンネル（果実）

Foeniculum vulgare　ウイキョウ（茴香）

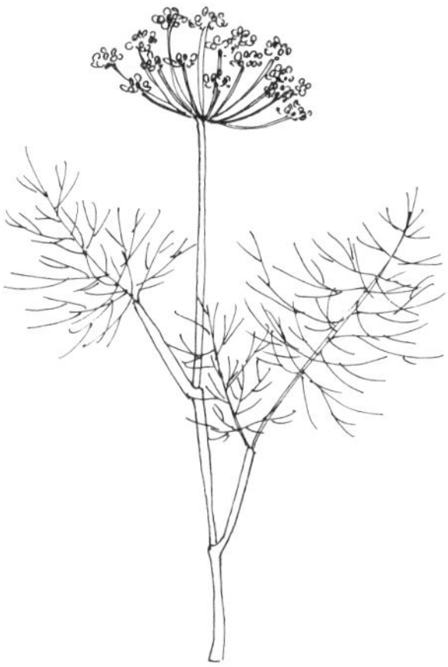

渋くて甘い、スパイス系の香り。咳止めのキャンディの匂い。咳止めのハーブティーとしても使われます。超物質的身体を安定させ、守ります。すり鉢で細かくし、ブレンドするのが最適。古代から日本にも伝わり、漢方薬の薬味として栽培されています。

マートル（実、葉）

Myrtus communis　銀梅花

フレッシュでフルーティーな香り。精神的な疑念をすっきりさせ、クールにして、情感レベルを高度にします。相性がよいのはマスチック樹脂。葉は小さく摘み、実はすり鉢でしっかり押しつぶして使います。古代からの薬用ハーブ。

ローズ(花弁)

Rosa damascena

やさしい、高貴な香りを放ちます。愛情と好意を促し、痛みから解き放って、ハートチャクラを開きます。すぐに消えてしまう香りなので、私はほんの少しローズ精油を使って花弁に香りづけします。小さく摘みとって、ブレンドに。

トンカビーンズ(豆)

Dipteryx odorata

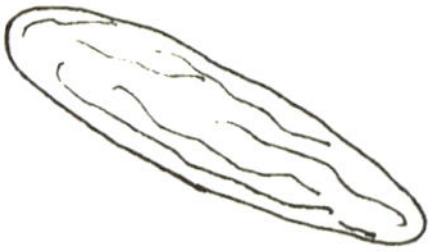

甘く、ソフトな、バニラとマルチパンを思わせる香り。情感豊かに、あたため、心を開かせる、愛の香りです。甘い香りとのブレンドが最適。おろし金で細かくすりおろして使います。日本では桜餅・桜の香りと比較されます。

マスタード（種子） *Brassica nigra*
ブラックマスタード *Brassica juncea* からし

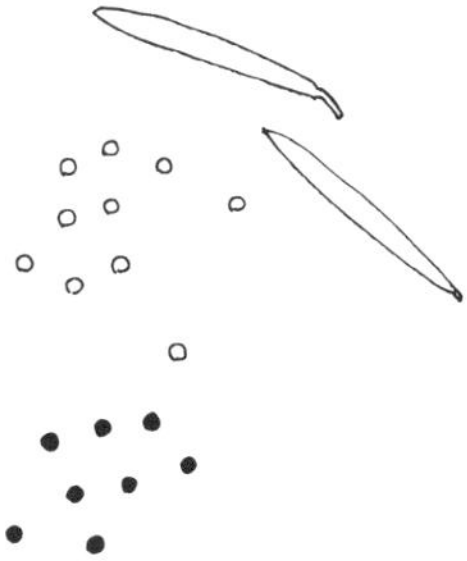

シャープで渋い香り。黄色または黒の種子があり、発芽させて栽培させることもできます。強いネガティブエネルギーに対しては、「シャープに」浄化。少量用いて、しっかり燃やし尽くしてください。粉末にするか、すり鉢でつぶして、ブレンドするのが最適。日本でも平安時代から栽培され、砕いて冷水に混ぜて薬味にしました。

アサフォティダ スティンキングガム（根の粉）
Ferula asafoetida オオウイキョウ

ニンニクに似たシャープな芳香。ピリッと薬味の利いた鍋料理に、ほんの少しスパイスとして入れたりします。撃退する力が強く、悪魔払いの薫香に用いられます。浄化ブレンドにすこし使います。阿魏《あぎ》ともよばれ、鎮痙剤・駆虫剤としても使われ、ウスターソースにもという説もありますが、とにかくその匂いたるや、現代のニックネームが devil's dung（悪魔のうんこ）であることから想像してください。

スターアニス（花）

Illicium anisatum

甘く、あたたかい、いわゆるアニスの香りで、強力。慰めを与え、官能的。ひいて粉末にして焚きます。星形と花柄の部分全体も、細かくして焚くことができます。ストレートでも、ブレンドでも。日本ではシキミとよばれ昔からお墓に供える木とされ香りのよい葉から線香やお香を作ります。香辛料のスターアニスは近種の実です。

オールスパイス（果実）

Pimenta officinalis

クローブペッパーともいわれます。甘くて熱っぽい、クローブとペッパーを合わせた香りで、力を与えます。ドイツではクリスマスの香りとしてもおなじみ。茶色い粒を、すり鉢でするか、または粉末にして、ブレンドに使いましょう。

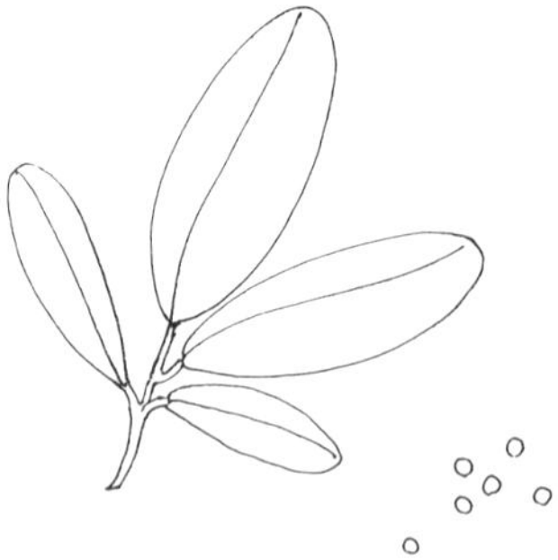

ブラックペッパー（果実）

Piper nigrum　胡椒

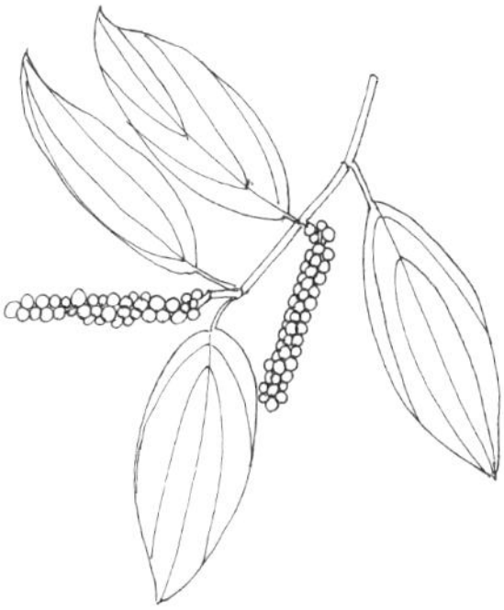

シャープでホットな、スパイスらしい香りです。鼓舞し、力を与え、エネルギーの流れを活性化します。ブレンドに入れるのが最適。ひいて粉末にするか、またはすり鉢ですって使います。

スイートフラッグ（根）、ショウブ

Acorus calamus　カラマスルート

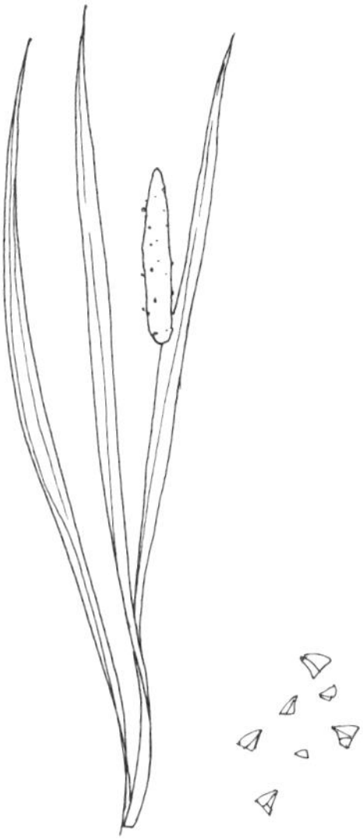

スパイシーで甘い香り。小さく砕いたり、粉末にひいたりしているだけで、香りが広がります。胃薬としての効能があるので、健胃薬草酒や修道院で造られる薬用リキュールに含まれています。弱っているときに焚くと、新たなエネルギーをもたらし、生命力を強めます。ブレンドにするのが最適で、とくに相性がよいのはシナモンとクローブですが、シダーウッドや乳香ともよく合います。ハーブで作る芳香剤ポプリの香りの保留剤に使われます。

ミスルトゥー（葉茎）

Viscum album　セイヨウヤドリギ

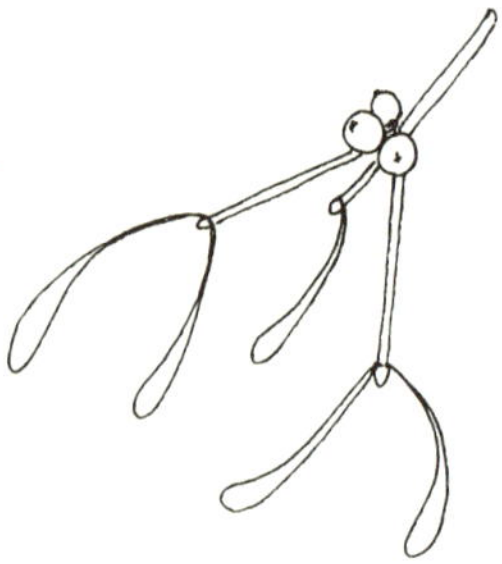

あたたかな、渋い木の香りで、古代魔術では力の植物です。守り、強くし、ネガティブな力を払いのけます。「金の枝」は、光と解放の強いシンボルで、特別な薫香のためにとっておく貴重なもの。私の“夏至のブレンド”や“先祖を偲ぶブレンド”には欠かせません。ブレンドに適しています。

寄生木《やどりぎ》と書き、日本でも、腹膜炎の薬として、家畜の肥料としても用いられ、また、江戸時代の飢饉のとき、東北地方では、茎や葉をすりつぶして餅のようにして食べたとのことです。

レモングラス（茎）

Cymbopogon citratus

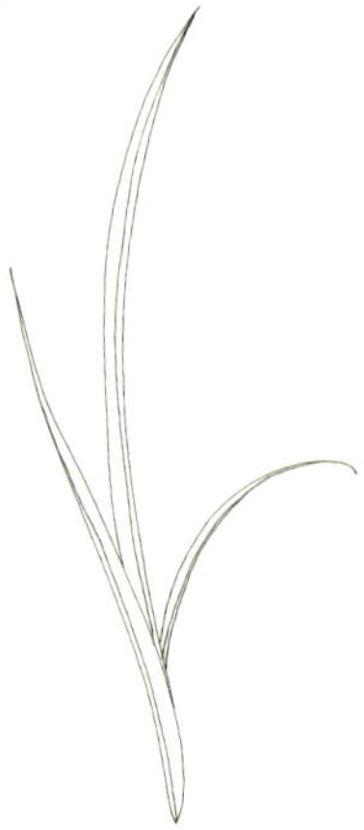

フレッシュでフルーティーな、レモンの香り。しずんだ気分を明るくして、さわやかにし、生き生きさせます。ストレートでもよいですし、ブレンドにも合います。細かく刻むか、あるいは、下の部分のかたい茎の場合は、ひいて粉にしてもよいでしょう。マスチックやコーパルとよく合います。薫香以外にも、大さじ2杯のレモングラスと、ティーバッグ1〜2個分のローズヒップを、1/2リットルの熱湯で10分だしたハーブティーが爽やかです。

サフラン（花糸）

Crocus sativus

甘い、太陽のように明るい、春の香り。残念なことに、たいへん高価なのですが、花糸2、3本または微量の粉末でも特別な薫香ができるので、その甲斐は十分にあります。高揚させ、心を開かせます。クローブ、シナモン、ベンゾインのような甘いものといっしょに焚くと、愛の薫香になります。

バニラ（鞘）

Vanilla planifolia

だれもが知っている香りのひとつでしょう。甘い香りで、慰めを与え、包み込みます。鞘の粉末または細かくしたものをほんの少し加えると、甘さを含んだブレンドになります。ストレートで焚くのもよいでしょう。高熱でほぼ2倍に膨らむので、かなり小さくして使ってください。

アロエ(液から作られた黄土色の粉末)

Aloe barbadensis　アロエ・ベラ

フルーティーな、ベリー類を思わせる、濃厚であたたかい香り。リラックスさせて、落ち着かせる作用があります。医療では下剤として用いられます。ブレンドするとラウンドオフ(角をとって、香りの調和させる)効果があり、フルーティなノートをプラスできます。

シナモン(花)

Cinnamomum ceylanici

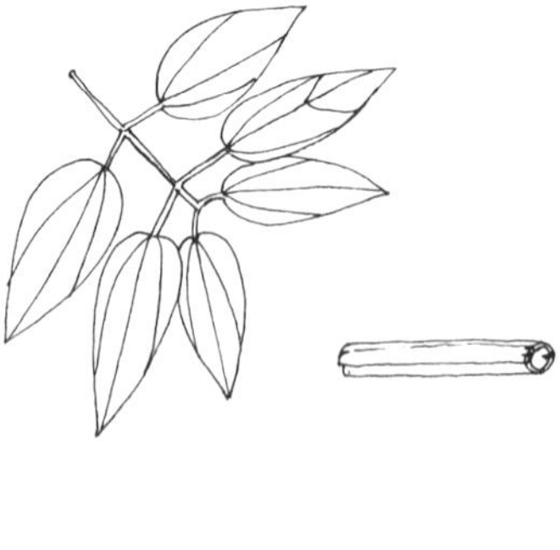

スパイシーで、やや渋い、ペッパーに似たあたたかい香り。ただし、シナモン樹皮の甘さとは比較になりません。シナモンクローブとも呼ばれます。あたためて、強さを与え、内面の炎を目覚めさせます。すり鉢でするか、粉末にして使ってください。ストレートでも、グッグルまたはミルラなどとブレンドするのもよいでしょう。

ローレル（葉）

Laurus nobilis　月桂樹

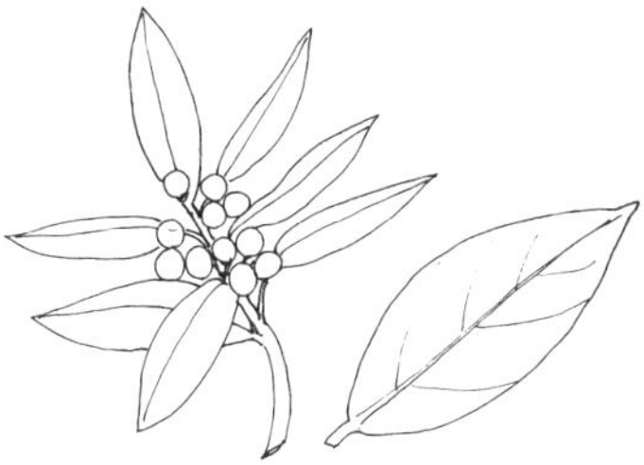

きつめの、典型的なグリーンスパイスの香りですが、品があり、あたたかいな香りです。明断にし、生き生きさせ、夢から目覚めさせて、眼力を呼び起こします。神託のデルフォイの女性預言者たちが、トランス状態に入るための薫香として使ったといわれています。ブレンドして使うのがよいでしょう。マスチックや乳香と合います。

アンブレット（種子）

Hibiscus abelmoschus abelmoschus moschatus

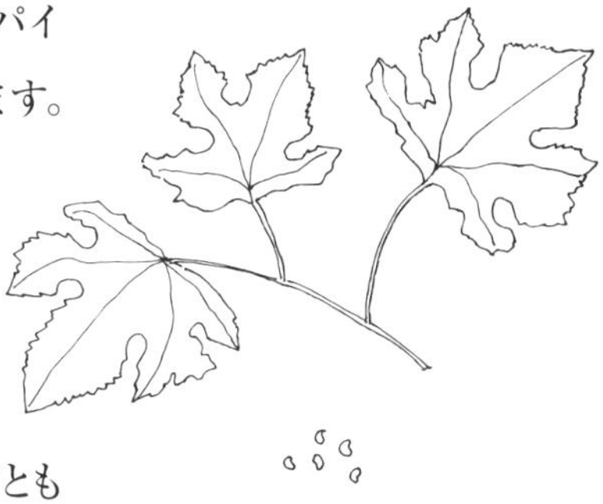

強力で重苦しい、あたたかくスパイシーな香りで、催淫性があります。弱っている状態のときは力になり、感情をかきたて、官能的な作用があります。すり鉢でするか、細かい粉末にして、ブレンドに使いましょう。ムスクシードともいわれ頭痛薬にも使われます。

ナガルモタ（根）

Cyperua scariosus

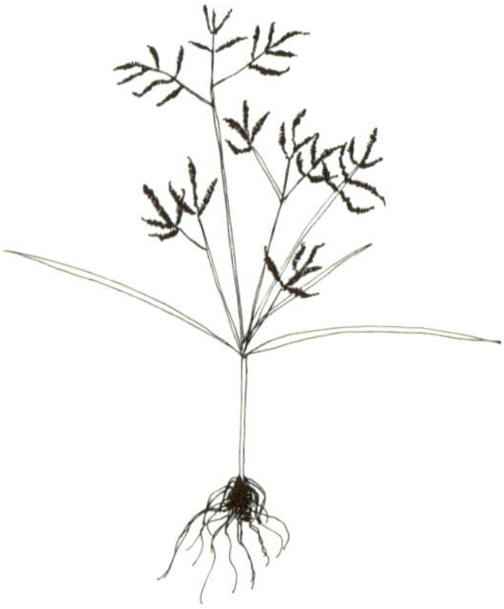

インドのハーブ、ナガルモタの根を乾燥させたもので、黒褐色です。土のあたたかさがあり、いくらかペッパーに似た乾いた香りがします。薫香には、ごく小さく刻むか、ひいて粉にして使ってください。チベットの線香にはこれが含まれています。しっかりと地に足をつけさせて、守ります。トンカビーンズとよく合います。

ナルド スパイクナード（根）

Nardostachys jatamansi

たくさん毛が生えた、茶色い根の部分を使います。古代からの魅力的な薫香材でした。ややバレリアンに似ていて、甘くあたたかな香りがします。安定させ、鎮静します。細かく刻んで、ストレートでもブレンドでも適しています。シナモンやトンカビーンズなどの甘い香りのほかに、乳香やミルラともよく合います。日本でも甘松とよばれ、髪の鬢付け油の香りづけに使われています。

《芳香樹脂》

樹脂を焚く場合はふつう、すり鉢でするか、またはひいて粉末にしたものを使います。混じりけのない純粋な樹脂の場合、一回に焚く量はほんの少しです。樹脂は香りを定着させ、ブレンドに用いると、燃えている時間も比較的長くなります。また、森から採ってきたばかりの樹脂は、煙も多く発生することがあります。

天然のままの樹脂(たとえば乳香やマスチック)は、木から採取して売られています。樹皮に傷をつけ、そこから出てくるゴム状の樹脂をこそぎとって乾燥させたものです。パイン樹脂などにときどき見られるように、中に糸状になった樹皮が入った、比較的大きな粗い粒状になっていることもあります。

一方、アルコールやほかの溶剤を添加して抽出されるものもあります。たとえばベンゾインなどがその例で、固い、弾力のない濃厚な樹脂がとれます。

乳香

Boswellia carteri, Boswellia sacra フランキンセンス

古典的な薫香樹脂。重い、バルサムの、やや渋さのある香りです。精神世界への橋渡しをして、深みと認識を促します。また、浄化して、神聖にし、善良な力を引き寄せます。このため、瞑想や儀式、祝福などに使われます。ストレートでも、ブレンドしてもよいでしょう。黄色い球状になった樹脂は、オリバナムとも呼ばれ、繊細でフレッシュな香りを放ちます。安物の乳香樹脂は、かびくさく苦い香りがします。最も良質なのは、アデン（アラビア半島南西端）乳香です。

ミルラ、没薬

Commiphora myrrha

黒褐色の樹脂で、きつくて、渋い土の香り。味は苦くて、思わず口がすぼみます。精神世界への門を開き、厳かで神聖な気分にします。瞑想、儀式、埋葬式にも使われます。また、身体的なものと精神的なものを調和させる作用があります。ストレートは重すぎるので、乳香やカルダモンなどとブレンドした方がよいでしょう。

コーパル

Protium copal

コーパルという名前で売られているものには、南米産以外にも、インドやアフリカの木からとった樹脂もあります。石化した樹脂も、アンバーの一種としてコーパルの名で出ています。もともとは、マヤ族が聖なる薫香に用いた樹脂で、繊細な森の香りが広がり、さわやかに、かろやかにします。頭脳労働に適していて、精神をクリアにし、体の超物質的な流れもスムースにします。預言の薫香としても使われます。ストレートにも向きますが、もっとよいのは、サイプレス、トウヒ、マツなどのフレッシュ＆グリーンな香りとのブレンドです。

スティラクス、蘇合香

Liquidamber orientalis

濃厚で甘い、樹脂的でかつフローラルな、バニラにも似た香り。すこしずつ使いましょう。ネガティブなエネルギーを追い払い、リラックスさせ、眠りを促します。この砕けやすい、黒い粉末は、ブレンドに入れるのが最適です。

シャムベンゾイン

Styrax tonkinensis

バルサム調の、バニラに似た、とても甘い濃厚な香り。包み込んで、守ります。傷ついた魂のための香りで、安心感を与えます。ベンゾインよりも繊細で高価。ブレンドにすこし使いましょう。サンダルウッドやシナモンとよく合います。

ベンゾイン

Styrax benzoides craib　安息香

高揚させ、集中的に作用し、活性化させます、明るさに満ちた、やさしいスパイス系の香りで、霊気が流れる道をやさしく開き、祝福を与えてクリアにします。たくさんのブレンドになじみます。

マスチック

Pistacia lentiscus L.

レモンイエローがかった、透明な球状。フレッシュでクリアな香りも、レモンに似ています。感情のバランスをとり、気分を明るくして、認識力と眼力を開花させます。ストレートでも、ブレンドしてもよいでしょう。ギリシャでは、歯みがきに。クレオパトラのお香「キフィ」にも。

プロポリス

Propolis cera

ミツバチが巣づくりに使うパテのようなものです。ハチミツとミツロウの甘い香りがして、あたため、守り、慰めます。売られているのは黄色い粉状にしたものがほとんどです。さまざまなブレンドに使えますが、とくにセントジョンズワートやタイムなどのハーブとよく合います。

アンバー

Succinum 琥珀

五千万〜千五百万年前の、第三紀の木の樹脂が化石化したもの。繊細な樹脂の、風味の強い香りです。昔は、気管支が不調なときに焚かれました。魂のもっとも深い、原始の層を解放し、自由にします（カルマに作用）。また、願望をかなえ、創造性と自信を高めます。私がアンバーを使うときは、魔術的な念をいだきながら、おろし金で粉状にし、微量を深い作用のブレンドに加えます。ときどき、人工の偽物も出まわっているので注意！これは、火をつけるとまっ黒に焦げて、燃え出すとプラスチックのような匂いがします。日本でも正倉院で薬として、保存され「奇応丸」の原料です。

トウヒ

Picea abies

赤黄色の樹脂で、力強い森の香り。フレッシュで風味の強い香りです。痰のつまりやリウマチの治療に使われます。焚くと慰めと強さを与え、魂を助け勇気づけます。殺菌消毒作用もあります。ラベンダーやセージなどとのブレンドがおすすめです。

マツ

Pinus sylvestris　松ヤニ

淡黄色い樹脂で、ほかの樹脂類よりも燃えるスピードが速いという特徴があります。渋いスパイシーな香りで、安らぎと平和をもたらし、リラックスさせて、気持ちをときほぐします。守りと防御の薫香として使われます。ブレンドに適しています。日本でも古くから塗料や防かび剤、殺虫剤、またろうそくの原料などに利用されています。

カサマツ

Pinus pinea

スパイシーでフレッシュな、とても芳しい香り。明晰にし、浄化し、爽やかにします。強力なので、使うのは少量にしてください。ストレートでもよいですし、ニオイヒバやジュニパーとブレンドするともっとよいでしょう。

グッグル

Commiphora mukul

あたたかな、やさしく甘い香り。ややバニラトーンもありますが、底に渋さを含んでいます。私の知るもっとも美しい樹脂のひとつで、心地よい、精神的なぬくもりがひろがり、心を開かせて快適な気分にします。 インドミルラとも呼ばれます。ストレートまたはブレンドにして、少量使ってください。

オポポナクス

Commiphora erythracea

ダークで、土のスパイシーな、バルサムの香り。繊細な渋さと甘さがブレンドされた感じの香りです。安定させ、鎮静し、現実にしっかり根をおろさせて、慎重にさせます。瞑想に最適。ストレートでもブレンドでも適しています。

カンファー

Cinnamomum camphora　樟脳

シャープで刺すような、とてもフレッシュな香り。風邪のときの軟膏でおなじみの匂いです。浄化し、クリアにし、頭と鼻をすっきりさせます。白い結晶状の粉は、集中的な浄化のためのブレンドや、フレッシュな香りを組み立てるのに最適です。でも、加える量は少しだけです！除虫剤やセルロイドの原料にしていました。

ガルバナム

Ferula galbaniflua

昔から、薬として珍重されてきた、黒っぽい樹脂で、ひじょうに柔らかいものが多いのが特徴です。グリーンなスパイスの、ややフルーティーな香りですが、とても多層で、おもしろみのある芳香です。香りは部屋に長く残ります。市販の香水では、香りの固定剤として使われたりします。鎮静し、サポートし、しばしの休息を与えてくれます。以前は、不安状態のときに使われていました。まち針の頭ほどの小さな球状のものを単独で焚くか、あるいはとてもやわらかくて、ほとんど液体のような場合には、乾燥させたヤロウなどの茎の小片につけて焚くとよいでしょう。茎を小さくして、樹脂の中にひたし、それを炭にのせます。ブレンドに加えると、風味が増し、薫香時間も長くなります。

《木、針葉、樹皮》

サンダルウッド（ホワイト）

Santalum album 白檀

繊細な渋さのある、エレガントな香り。気持ちを前向きにし、強くします。バルサム調で官能的。天上への扉を開く、東洋の香りです。インドのマイソール産のものは輸出が制限されていて、たいへん高価ですが、香りの質もすばらしくて、ほかのものはおよびません。アミリス（学名*Amyris balsamifera*）は、西インドサンダルウッドという名でも売られていたりしますが、植物の種類も香りも異なります。安いサンダルウッド粉末には、甘さのあるスパイスを混ぜているものもあります。サンダルウッドは小さく刻むか、粉末にしてブレンドにします。また、ストレートで焚いても繊細な香りが広がります。

サンダルウッド（レッド）

Santalum rubrum

あたたかな、土の渋い香り。「ネパールのキャンプファイアー」。安定させ、強くします。鮮やかな赤い木片は、ブレンドすると、見た目にも効果的。私のブレンド“スパイシーレッド・コーン”にも入っています。線香や扇子に身近に使われています。

レッドシダー（ヴァージニア・シダーウッド）

Juniperus virginianum ＊アトラスシダーウッド精油がとれる植物とは異なる。

繊細な渋い香り。安定させ、保護し、物質的および超物質的な寄生を防ぎます。この赤い木くずを小袋につめてタンスに入れると、防虫剤としても使えます。ストレートでも、ブレンドでも。エンピツヒバとよばれ建築材 、家具材、鉛筆の軸、鉄道の枕木などに使われています。

ジュニパー（葉、木部）

Juniperus communis ビャクシン柏槙

渋くてツンとくる香り。古代からの魔法の植物。強くし、浄化し、悪いバイブレーションを追い払って、守ります。ドイツではクリスマス前になると、花屋さんや市場でジュニパーの枝が売られます。よく乾燥させるために、まずはお部屋の飾りにして、そのあとインセンスとして使いましょう。ストレートで焚くか、またはブレンドします。ジンの風味づけで有名。

シナモン（樹皮）

Cinamomum ceylanici verum

ドイツではクリスマスのお菓子レープクーヘンの香り。強くて甘い。あたため、精神的ブロックを解消し、心をオープンにします。神経強化のはたらきもあります。細かくするか、粉末にして、さまざまな甘いブレンドに加えましょう。

カッシア（樹皮）

Cinnamomum aromaticum　肉桂

中国産シナモン。粗い感じの黒っぽい樹皮が小さなロールになっています。香りはセイロンシナモンに似ているが、こちらの方がマイルドで甘さは少ない。あたたかく、スパイシーで、フローラル。強くし、感情のバランスをとり、オープンにして硬直をほぐす。小片をストレートで焚くか、細かくするか、粉末にしたものをブレンドします。お菓子の風味づけに使われています。

イペ・ロッショ（タベブイア）

Tabebuia avellanedae　紫イペ（パウダルコ）

樹皮の内側の、ごく薄い小片を使います。お店でも手に入ります。あたたかく、力強い芳香で、渋くスパイシー。明晰にし、強くします。お茶も免疫力を高めるといわれています。ストレートで焚くと、あたたかく、ダークな渋い木の芳香が広がります。保護と安定のブレンドにも。最近、ガンに効く薬用茶タヒボとして注目をあびているようです。

サイプレス（葉先）

Cupressus sempervirens

フレッシュでグリーンな、強くてアクセントのある香り。頭の中をフリーにして、大切なことに集中できるようにします。生命の木のシンボル。乾燥させた葉の先端部分を細かくして、ブレンドに加えます。カサマツ樹脂やコーパルと調和します。サイプレスに近いニオイヒバも同じように使うことができます。日本では糸杉とよんでいます。

ハシバミ

Corylus avellana　ヘイゼル

若枝を切って、ナイフで小片にします（エンピツを削る要領で）。乾燥させて焚くと、繊細でウッディな香りがします。古代から光の担い手、知の守護者とされてきました。また、神秘的な力があるとされ、地下の水脈や鉱脈を探し当てるときの占い棒にも使われていました。薫香は、超物質的な感覚と直感を呼び覚まします。ストレートか、またはプロポリスなどとのブレンドに。

トウヒ(葉、木部)

Picea abies

乾燥させた若い葉先は、甘くフレッシュな香りがします。慰めを与えて強くする、魂のバルサムです。ブレンドするか、またはストレートで。

アカマツ(葉、木部)

Pinus sylvestris

フレッシュでアクセントのある香り。力を与え、落ち着かない精神状態のときに、鎮静しリラックスさせます。ストレートでもブレンドでも。

モミ(葉、木部)

Abies alba

アクセントのある、森の香り。悪い霊を追い払います。かつてドイツではクリスマス時期になると、常緑のモミやトウヒの枝が暖炉にくべられて、部屋全体に香りが広がったものでした。ストレートで、または樹脂やジュニパーとのブレンドにでも。

カラマツ(葉、木部)

Larix leptolepis 落葉松

カラマツには善良な精霊「浄福の乙女」が宿るという古くからの信仰があり、霊的な助力者を呼び寄せる、魔力のあるインセンスです。焚くと、守りと幸運を引き寄せます。ブレンド向き。

ここで紹介していないカシワ、ウォールナット（クルミ）、スイートウッドラフ（甘草）クルマバソウなど、ほかにも香りのよい木部や樹皮が手に入ったら、試してみてください。ローズマリーやラベンダーなどの灌木ハーブの枝や幹部分もインセンスに適しています。小片にスライスして、ハーブブレンドに加えてみましょう。

ほかにもきっと、焚いてみると繊細な芳香や魔術的な香りが広がる木が見つかると思います。

2. 実践編

この章では、薫香をするときの重要なポイントと、
焚いた香りの効果についてお話します。
自分らしいオリジナルな薫香のおすすめや、
特別な薫香にもっともよいタイミングについても説明します。

香炉（薫香用の容器）

薫香を行うには、陶磁器または金属でできた、耐熱性の小皿かゴブレットや脚つきの杯を用意してください。大きくてきれいな、厚い貝殻もすてきです。

たびたび薫香をする方でしたら、新たに香炉や専用の容器を購入するのもよいと思います。選ぶときは、薫香をしている間、たえずそれを目にしたり、手にしたりするということを忘れずに。見栄えが悪くて気に入らないものを使うと、目ざわりなだけでなく、瞑想や儀式の質まで損ねてしまいます。

あちこちの部屋の雰囲気を浄化しようと思うと、容器を持って歩き回りたくなるかもしれません。そのことも考えに入れておきましょう。炭の熱で、容器の外側もかなりの高温になります。持っていても、やけどしないですむように、脚つきか、受け皿のある方が好都合です。

容器が決まったら、ほぼ半分くらいまで、小鳥用の砂か細かな石英の粒を入れます。砂は、薫香用の炭を燃えやすくするだけでなく、熱を均等に行き渡らせますから、陶磁器などのひび割れを防ぐこともできます。

焚くたびに砂を新しくする必要はありません。時間がたつにつれて灰がたまりますが、そのままにしておいて、目について気になるような燃えかすだけを取り除いてください。灰が層を作って、炭の下から空気が入るので、完全に燃焼することができます。

容器は底から高熱になりますし、火をつけると、まわりに小さな火の粉がとぶこともあります。かならず耐熱性の下敷きを置いて、テーブルを守ってください。熱に弱い、大切なテーブルの上での薫香は避けましょう。

薫香には、点火しやすい専用の炭を使います。バーベキューなどに使うふつうの炭は、あおったりして火をつけるのがたいへんです。専用の炭は

円形で、中がくぼんでいます（大きさは直径が約3センチから5センチまであります）。室内で焚くときは、いちばん小さなものでも十分すぎるくらいです。

　薫香用の炭は、火をつけるとすぐにチリチリと音を出して燃えていき、あっという間に小さなオーブンになります。炭が燃え出すときは、やや不快なにおいがするので、私はいつも、最初は窓を開けて換気をします。薫香をするのは、すてきな香りが欲しいときにきまっていますから。でも、たいていは炭を真ん中から切って半分にして使っているので、火をつけたときの不快な匂いはそれでも避けられます。

　半分にする利点はもうひとつ。薫香用の炭はかなり長時間、熱をもっていますから、大きければ、それだけ消えるまでに時間がかかります。室内の場合、たいていは使い切れなくて、薫香が終わっても、さらに数時間は熱を発していたりします（目を離さないようにしてください）。または、水できちんと火を消してからなら、残りを捨ててもかまいません。火をつけないかぎり、再燃することはまずないからです。炭は半分にすると、室内で一回薫香するのにちょうどよい量になります。

もちろんインセンスの量も、スプーンにたっぷりは多すぎますので、ほんのひとつまみ程度にします。

かわいいコーン型やパール型などの固形インセンスを焚くときや、ほんの少しだけ薫香したいというときは、炭は４分の１で十分でしょう。炭の量が少ないと、それだけ燃えかすも減りますし、不快な匂いの広がりも抑えることができます。

炭は、湿ると火がつきにくくなってしまうので、しっかり密封して保存します。もし湿らせてしまったら、ストーブなどであたためてしっかり乾かしてください。そうすればまた使えます。

場合によってはブレンドインセンスをのせる小さなスプーンとろうそくも用意します。

それでは、いよいよ薫香をはじめましょう。

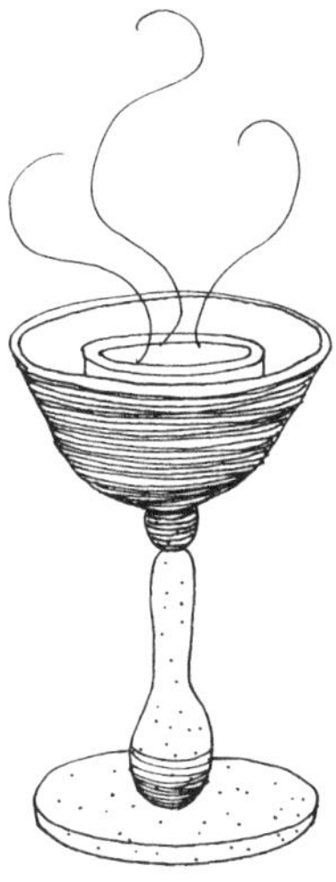

手軽にできるハーブ薫香

　初めての薫香には、セージやローズマリー、ラベンダーなどの芳香ハーブがおすすめです。必ずよく乾燥しているものを焚いてください。
　まず香炉として使う小皿などの容器を用意し、ろうそくに火をつけます。大きめの羽、または小さなボール紙なども用意しておきます。これを使って炭に火がついたあと風をおくると、炭全体がすばやく燃焼します。
　炭をろうそくの炎に持っていき、自然に燃焼し始めるまで、少しの間そのままにして待ちましょう。燃えはじめた火が指先にこないうちに、容器の中央においてください。炭はチリチリと全体が燃えていき、熱くなります。そっと息をふきかけるか、もっとよいのは、羽でそっとあおぐことです。まもなく端が真っ赤になってきます。炭が赤く燃えるまで空気をおくってあげてください。さあ、もう目の前にあるのは、インセンスのごちそうが大好物の、熱々でちょっと控えめな、小さな炎のお鍋です。
　燃えている炭の上に、少し小鳥用の砂をまいておいて、その上から最初のハーブをひとつまみのせてください。こうすると、砂の層が高温をいくらか和らげるので、すぐにハーブが焦げてしまうということがありません。そんなことになったら、芳香どころか焦げくさくなってしまいます。

セージの小さな葉を一枚、または茎の部分を少し炭にのせます。すると、葉は色あせて茶色くなり、縮れてまるくなって、繊細な香りの糸が天へと立ち上ります。安心して次のインセンスが使えるように、黒くなった燃えかすは、お箸で炭から取り除くのがベスト。私はお箸の代わりに、乾燥させた茎をよく使うのですが、割り箸やつまようじでもかまいません。これで、次の葉をもう一枚のせられますが、ブレンドして焚きたいときは、別のインセンスを少しおいてみてもよいでしょう。

一度に炭の上にのせるのはほんの少量です。つまみとった葉の小片や、小さじ半分弱くらいのブレンドインセンスです。とくにブレンドには、たとえばお人形用のミニチュアスプーンなどが便利で、ちょうど小さじ半分弱くらいの少量を、確実にのせることができます。

一回分がすっかり燃えてしまうまで待ってか

ら、炭の上にのこった燃えかすを取り除いてください。樹脂や、樹脂を含むブレンドを焚いたときは、そのあと新しい砂か、または容器に残っている灰を、残り火の上にのせます。こうしておくと、高熱になった容器に、粘着力の強い樹脂がくっつくこともありませんし、残り火をしっかり消すこともできます。樹脂は砂にまみれると、まとまって炭からはがしやすくなります。

このように、ハーブインセンスの薫香はわくわくしながら楽しめて、しかもリラックスできる遊びです。香炉という小さなオーブンは、あなたがインセンスの「ごちそう」を入れてあげると、植物の心地よい香りを放って、感謝の気持ちをあらわしてくれます。とはいっても、焚いている間は、部屋の中がすっかり煙もうもうなんてことのないよう、たえず目を配ってください。また、植物の香りも、量によっては刺激になることがあるので、アレルギー体質の方はとくに慎重に行ってください。

薫香している間は、窓をほんの少し開けて換気をすることをおすすめします。お部屋にほんのり香りをただよわせたいときは、たいていは、ほんのひとつまみ焚くだけで十分です。雰囲気を変えるための浄化の薫香を行ったあとは（そのままやや強力に香らせてもかまいませんが）、窓を全開にして、たちこめた煙を換気しましょう。

火が消えないようにと、次々にインセンスをおいて焚き続ける必要はありません。炭はおよそ2時間燃えつづけますから、その間は、ときどきインセンスをおくだけで薫香はできます。香りは、煙を換気したあとも部屋の中に残ります。

最近目にしたインセンスのラベルに、こんなふうに書かれていました。「小さじ一杯の乳香を炭の上に置きます。……」これで、ちょっと思い出したことがあります。

私が初めて本物のアラビア乳香に出会ったのは、まだ十代のころでした。インド小物のお店で、乳香のかわいいパッケージを見つけたのです。線香は知っていましたが、アラビア乳香は初めてだったので、どんなものか知りたくなりました。買って帰って、家で開けてみると、出てきたのは薫香用の炭と、小さじ一杯くらいの量の黄色い小さな粒が入った小袋でした。

パッケージの絵を見ると、炭に火がついていて、焚いた樹脂から煙がたちのぼっています。あとは、近くに燃えやすいものをおかないように、と注意

[適量かどうかの目安]

翌朝、薫香をした部屋に入ったとき、すてきな芳香に満ちていたら、分量は大正解。とくに、寒い季節は、暖房をつけて空気が温まると「香りの精」がふたたび活動を始めたりするので、感動的です!

逆に、焦げ臭さかったり、なんとなく煙たいだけという場合は、量が多すぎたか、または薫香の温度が高すぎたということです。少な目がなによりです。それから、いつも炭の上に砂か灰を十分にのせて、インセンスが直接炭の上で燃えるのではなく、ゆっくりと焚かれて燃え尽きていくようにします。こうすると、精油や芳香成分が保たれたまま、やさしく解き放たれていきます。

書きがあるだけでした。炭がひとつと、小さじ一杯の乳香……。そこで私は思ったのです。わかった、これは一回薫香するためのセットなのね!……

私は金属製の灰皿に火をつけた炭を入れて、袋に入っていた乳香をぜんぶのせました。こんなことは、後にも先にもこのとき一回きり！　部屋の中にはあっという間に、煙がもうもうとたちこめました。ひどいのなんのって、熱くなった‘オーブン’をしずめるのは、ひと苦労。そのあとは思いきり換気しなくてはいけませんでした。乳香代も文字どおり、煙と化して消えたわけです。おまけに、家族はだれひとり、数日リビングに残った“聖なる”雰囲気に感激してはくれませんでした。この苦い経験のおかげで、インセンスはしばらくいやな思い出となってしまいました。

樹脂だけを焚くときは、えんどう豆よりも小さめの粒を、ひとつずつのせましょう！

樹脂はたいてい、煙が多く出ますし、しかも長時間広がります。ふつうのリビングに乳香などの樹脂で香りをただよわせるなら、たいてい2、3粒も焚けば十分です。薫香のモットーは、「大は小をかねる」ではなく、「過ぎたるは及ばざるがごとし」であることをお忘れなく。

薫香儀式

前章で、実際に薫香を試してみるのに必要な準備はひととおりできましたから、その気さえあれば、もういつでも始められます。

ひとりでも、友だちを集めてもよいでしょうし、家の中でも屋外でもかまいません。夏の夜なら野外で、レッドシダーやセージ、またはブレンドを焚いて、蚊を追い払うこともできます。機会はさまざまにあるでしょう。

でも、ちょっとちがった薫香のしかたもあります。つまり、薫香儀式です。

《火の魔力》

ほとんどの人は、火は、炎の中に投げ込まれた物を消し去って、その物には二度と再び出会うことがないと思っています。

魔術的な視点でいうと、もちろん、それはちがっています。薫香が好きな人たちも、このことを知っています。何ひとつ宙に消滅していくものはなく、ただ姿を変えるだけです。むしろ、赤く燃える火の上で薫香すると、とてつもなくたくさんの物が解き放たれるのです。

太古から、きわめて大切なものは、燃やされてきました。それは破壊するためではなく、その中に宿る霊を解き放つためでした。

死者の魂を解き放つための火葬を、重要な儀式としている文化もあります。火葬は費用がかかるため、死後20年が過ぎてからやっと、残っている骨でおこなう場合もあります。それほど重要なことなのです。一度墓地に埋葬した人を、きちんと火葬するために、何年間も節約してお金を貯める家族も少なくありません。この儀式では、もちろん大がかりな薫香が行われます。

燃焼とは、すなわち酸化です。燃焼は形を変え、粗いものと繊細なもの（気体状のもの）とを切り離します。私たちが使うインセンスの繊細な芳香は、いわば天へ昇っていく植物の魂で、あとに残るのは粗い“燃えかす”です。

したがって、霊的エネルギー要素としての火は、粗い物質から、物質を越えたきわめて繊細な物へ、すなわち此岸から彼岸へ、現世から精神世界への橋渡しをします。火の中に解消することで、目に見えるものだけが灰に変わり、目に見えない霊は解き放たれて自由になるのです。

今日、私たちの出すゴミが大きな炉で燃やされていることを考えると、これは重大な論理です。本来ゴミはそれによって地上から消えるはずです。でも、どの炉にも餌を与えなければならず、魔術的解放の法則に従えば、ゴミの焼却は悪しきものを減らすのではなく、増やすことになります。

この魔術的視点でもう少し考えてみてください。カッとなって燃やしてしまった不実な恋人の写真、ほかにも燃やした手紙、本、書類、芸術品などなど……。これらで何が起こるかを！

薫香儀式のことに話をもどしましょう。あらゆる文化において、儀式的な薫香はお祈りの一種です。アジアではいたるところで、毎日大量のインセンスが焚かれ、天へ昇っています。煙を捧げることで、神々や霊の注意を自分に向けようとしているのだという説もあります。

ヨーロッパでも、教会で儀式的な薫香がおこなわれます。薫香の目的として伝統的なものに、代願の祈り、願望の成就、治癒、死者の解放、召還、霊による保護、浄化、神の加護に対する感謝などがあります。儀式による煙は、いわば神的なものへの“栄養”なのです。

あなたも、自分の薫香儀式をおこなうことができます。薫香のテクニックはふつうの薫香と変わりません。ただ大切なのは、香りをとおして到達しようとすること、一定の目的を追求しながら焚くという姿勢です。ですから、インセンスの種類も、目的に合わせて決めます。これは、よく考えて選ばなければいけません。儀式をあとから修正したり、取り消したりすることはまずできないことだからです。あなたの儀式を、本当に心から望む目的のために、そしてその結果にあなたも責任を持てるような目的のためにおこなってください。

効果の高い薫香儀式をすると、弱っていると感じるとき、または病気のときなどに、たとえば力のチャージあるいはオーラの統一などができます。あるハーブを使った夕べの薫香は、鮮明な夢を見させたり、透視力や認識を目覚めさせたりします。このあとで、目的ごとに適したインセンスをまとめて挙げてみましょう。

いずれの儀式も、集中し、慎重におこなってください。それによって結果の質は左右されます。

儀式が聖なる治癒力を発揮できるように、日常を脱しなければなりません。まず第一に、

▼特別な、すてきな空間（美しく飾られた、一定の場所）。

▼あらたまった姿勢（心の中は目的でいっぱいにし、外面的にはたとえば特別な姿勢ですわるなど）。

▼特別な響きの枠をつくってくれる、美しい音、音楽。

▼精神的な経絡が開くための時間と静けさ。

道具を準備したり、周囲を飾り付けたりしているときも、すでに雰囲気づくりは始まっています。必要な分量のインセンスを、すぐに使えるように

用意しましょう。特別なブレンドまたはストレート用のインセンスを、慎重に選んでください。ろうそくに火をつけ、部屋の中を花で飾り、特別で大切なものを置いたりします。そろえたもので、儀式のためのすばらしい、品位のあるイメージを作り上げ、静寂の中で、次のように振る舞ってください。

かならず、儀式の始まりと終わりをはっきりさせましょう！儀式がすんだら、自分がまたしっかりこちらにもどってきていることを確認してください。ひとりでおこなう場合は、とくにこの点が大切です。サークルを描き、再び消しさるイメージが、これを助けます。グループでおこなった場合は、儀式のあとなにか話をしたりすると、いつもの気分がすぐにもどってきます。なんとなく「しっかりそこにいない」ように見える人が、参加者の中にいないかどうか注意して見てください。そのような人には、直接話しかけてあげると、地に足がついて、ふたたび日常へとつれもどすことができるはずです。

たとえば、仲間と冬至の儀式をするのもすてきです。まず、インセンスのまわりを取り囲むようにしてすわります。それぞれ、今終わろうとして

［儀式の例］

▼腰をおろして、ゆったりとした気持ちで音楽に耳をかたむけ、目的すなわち祈りと同調し、自分のまわりに羽でぐるりとサークルを描くことをイメージします。

▼微量のインセンスをおいたら儀式の始まりです。ゆっくりと焚いて、風をおくったりします。

▼少量ずつ何度か焚いて、リラックスし、香りを受け入れ、感じとり、目的のことを考えます（祈り、代願など）。

▼儀式の終わりのしるしとして、インセンスを焚ききったら、集中させていた意識を、ふたたび、ふだんの精神状態へとつれもどし、羽で魔法のサークルを消し去って、オープンにします。

▼立ち上がり、道具などを片づけます。特別なバイブレーションと香りは、数日、部屋の中に残ります。

いる半年とともに過ぎ去っていってほしいこと、そして新たな半年に待っていることなどを考えます。小さな紙に意図を書いて、順番に火にくべて燃やすのもよいかもしれません。煙と燃え方で、すでに成就を認識できることも少なくありません。

そのあとは順番に薫香をします。そのために、小さなスプーンを時計まわりにまわします。ひとりが、少量のインセンスをおいたら、ほかの人たちはそれが燃えてしまうまで待ちます。一巡したら、儀式は終わりです。儀式の間は集中を妨げないために、ひとことも口をきかないようにします。儀式のあとは、飲んだり食べたり、もちろん楽しいおしゃべりもしましょう！

6月の夏至には、屋外でたき火の薫香もできます。火のそばの熱い石の上にインセンスをおいたり、それとは別に容器で薫香をしたりしましょう。

《目的に合わせて選ぶインセンス》

薫香が意味深い機会になることは、さまざまにあります。薫香は、物質を越えた世界や自分の霊的意識への橋渡しをします。日常のストレスからあなたを解放し、ハーブや樹脂といっしょに、過去の1ページも燃やし尽くしてくれます。

薫香は植物の力を解き放ち、ほかのホリスティック医学と同じように、バランスをとって調和させる作用があります。私たちのオーラに影響を与え、ハーブの助けを借りて、エネルギーの不調和を癒すのです。ここで、目的ごとに適したインセンスを挙げておきましょう。

浄化（オーラ、空間、物）に：

セージ、レッドシダー、ジュニパー、ワームウッド、ローズマリー、ラベンダー、乳香、ミルラ、コーパル、ベンゾイン、スティラクス、アサフォティダ、マスタード、モミ、ミント、カンファー、レモングラス、マツ、トウヒ。

地に足をつけ、守る：

セージ、ローズマリー、ジュニパー、クローブ、ローレル、フェンネル、スティラクス、ラパチョ、アニス、カルダモン、ナガルモタ、トウヒ、マツ、スティラクス、シャムベンゾイン、プロポリス、レッドシダー、カラマツ、オポポナクス、ガルバナム、トンカ、ミスルトゥー、ナルド、ミルラ、レッドサンダルウッド、パチュリー、ナツメグ、バニラ、スターアニス。

力を与える：

ローズマリー、ナツメグ、ナツメグフラワー、ペッパー、オールスパイス、シナモン、スイートフラッグ、ジンジャー、ガランガル、サンダルウッド、コーパル、マスティクス、ベンゾイン、ナガルモタ、グッグル、シナモンフラワー、アンブレット、カルダモン。

リラックスに：

ラベンダー、パチュリー、クローブ、マートル、トンカ、スターアニス、ミルラ、乳香、シャムベンゾイン、マツ、アロエ、ガルバナム、ナルド、バニラ。

魂の奥に作用。ブロックに：

ナツメグ、カルダモン、ジンジャー、カンファー、ミルラ、アンバー（カルマに作用）、ガルバナム。

愛の薫香：

カルダモン、シャムベンゾイン、スティラクス、プロポリス、パチュリー、トンカビーンズ、アニスまたはスターアニス、スイートフラッグ、オールスパイス、クローブ、シナモン、サンダルウッド、ミルラ、マスチック、スイートウッドラフ、コリアンダー、シナモンパウダーミックス、カッシア、グッグル、ローズ、バニラ、サフラン、アンブレット。

幸運と成功に：

カラマツ、スイートフラッグ、ジュニパー、ローレル、乳香、スターアニス、シャムベンゾイン、クローブ、ローズ。

夢と預言に：

セージ、ローレル、マスチック、ワームウッド、コーパル、アロエ、ホップ、バーベナ、アンバー、ハシバミ、ミスルトゥー、ナツメグ。

瞑想に。心を見つめるために：

サンダルウッド、乳香、ベンゾイン、コーパル、レッドシダー、ラベンダー、コリアンダー、クローブ、パチュリー、マスチック、オポポナクス、カンファー。

追悼：

亡くなった人のための祈りの薫香は、魂を解放し、新たな道を歩むための力になります。乳香、サンダルウッド、ミルラ、コリアンダー、ベンゾイン、サイプレス、カサマツ、セージ、イリスの根、ニオイヒバ、クローブ。

薫香のもつ力

薫香は心のもっとも奥深くへ作用します（麻薬など必要ありません！）。というのも、薫香は太古の精神性の表現であり、人間のもっとも深い感性のひとつだからです。この古くからの知は、すべての人間の中に根づいていて、香りを焚くことによって活性化します。私たちは薫香によって、古代からの聖なる伝統の流れの中に加わるのです。

インセンスだけでなく、香水、精油、ハーブなどはすべて、深層意識やより高次元の自分と、あるいは異次元の本質的なものとの対話を助ける手段としても力を持っています。インセンスは嗅覚をとおして直接私たちの近くにはたらき、意識を変化させるための鍵になります。魔術的な時間をつくり、より繊細なバイブレーションと接触できるようになる意識をつくりあげます。

香りには意識を左右する魔力があり、私たちの感情に語りかけ、気分を変えたり、記憶を呼び覚ましたり、あるいは思考の中のバリアを取り除き、落ち着かせ、リラックスさせて癒します。香りを焚くときの意図や儀式の目的、インセンスの種類によって、心と深層意識に深く、また浅く、はたらきかけ、ときにはきわめて繊細な精神的あるいはカルマ的な深みにまで作用します。

瞑想のすばらしいパートナーとなるインセンスもあります。そのようなインセンスは、聖なる枠を築いて守り、空間のバイブレーションを高めます。香りよい樹脂、花、木などでつくる特別なブレンドは､感情的に精神的に人間の感覚を高めて、エネルギーやオーラに作用します。特別なインセンスの力を借りて、心やバイブレーションに語りかけ、自分が望むような影響を与えることもできます。

注意：薫香の作用は、精油をアロマランプでたくよりも強力ですが、効果の傾向は、各植物の精油と同じです。

[薫香の作用]

▼繊細な香りで魂を解放し高める。

▼空間、オーラ、物を浄化し、バイブレーションを変える。

▼ネガティブなエネルギーを消す(たとえば争いごとのあとのいやな気分など)。

▼「悪霊」(ネガティブな思考や感情など) を追い払い、「善霊」を呼び寄せる(ポジティブなあるいは聖なる気分にして、ポジティブなエネルギーを活性化する)。

▼霊的な力を呼び覚まし、空間をクリアにして守る、チャージする。

▼瞑想を促し、深め、夕べの薫香で夢や直感を喚起する。

▼メッセージや願望(祈り)を天へ、神々へと運ぶ。

▼文化圏によっては、薫香はほかの医療とともに病気の治療にも用いられます。少しですが、治療を支える薫香も存在します。薫香によって解き放たれる精油に、大気中のバクテリアや細菌(ひょっとすると病気の悪魔も?)を殺すはたらきがあることが証明されています。

タイミングに合わせた薫香

室内に香りをただよわせるための薫香は、もちろんいつでも好きな時にできます。繊細な香りが家の中に広がり、精神的にリフレッシュしたり、高揚したり、あるいはあたためられたりします。ですから、冬はあたたかな甘い香りがとくに心地よいですし、夏は蚊を追い払うハーブや木、あるいは少量のカンファーが、クールでさわやかな気分にしてくれます。

空間やオーラの浄化には、それに適している、あるいは不可欠な、タイミングというものがあります。頻度は、部屋の利用程度によりますが、ほとんどの場合、ときどき、つまり月に1回くらいがよいでしょう。

セミナーをおこなう部屋などは負担が大きいので、もっと頻繁に薫香が必要です。そろそろ雰囲気を浄化する薫香をしなくちゃ、という判断は、直感にしたがってください。

浄化の薫香は、白っぽい光などでビジュアル的にもサポートし、その空間からネガティブなエネルギーをすべて追い出すという目的に集中してください。あなたの意志の力も、薫香の魔法の質を高めます。

争いごとのあと、疲れるような、あるいは悲しい会話のあと、悪い夢を見たときなどは、ネガティブな気分を「煙にしてしまう」のがなによりです。薫香が終わったら、窓を開けて、解消されなかったエネルギーを追い出しましょう。

薫香儀式の場合は、タイミングをよく考えなければなりません。宇宙の時計が、ポジティブに利用できる効果的な力を示しています。月も、さまざまに利用できるタイミングを教えてくれる重要な案内役のひとりです。

十二黄宮における太陽の位置も、薫香儀式に力を与える12の宇宙エネルギーレベルを示しています。あなたが生まれたときのホロスコープ上の上昇点（アセンダント）に太陽があるとき（天体の合）は、個人的に効果的な儀式ができるときです。太陽はほぼ一日、合の状態にある（同じ宮にとどまっている）惑星を、活気づけて生命力を与えます。もっとも興味深い合の日は、もちろん誕生日です。太陽はこの日（少し前のこともありますが）あなたが生まれたときの合の位置に入ります。誕生日の薫香は星座（宮）の力を活発にして、あなたの「心の中の太陽」をとても強力にしてくれます。

もちろん、ほかにも星座のエネルギーのための薫香儀式ができます。たとえば、自分の人生には牡羊座の力が足りないと感じていて、そのエネルギーを使えるようになりたい、またはならなくてはいけないというときは、「牡羊座活性」の薫香をおこないます。一番効果的なのはもちろん、牡羊座の時期、または月が牡羊座にあるときです。インセンスもこれに合ったものを選びます。牡羊座のときは、力を与えるものを選ぶことになるでしょう。

インセンスとあなたの強い願望は、薫香儀式に表われて、それほど待たずして効果があらわれます。儀式をとおして、一方では香りによって、他方ではあなたが意図する目的あるいは願望によって、深層意識が影響を受けます。インセンスはあらゆる肯定を強めるのです。

《満月のとき》

満月のときの薫香はとても効果的です。ほかの時期よりも浄化の力が強く、しかも長続きします。パワフルハーブ（効果が強く出るハーブ）は（ときには私たち人間も）、とりわけ満月によってエネルギーをチャージします。ハーブの収穫や乾燥のときから、タイミングに気を配ると、それ相応の結果をもたらしてくれます。でも、たとえ力の日に収穫したハーブでなくても、満月のときに焚くとほかの時よりも強い力を発揮します。

もし月に1度、浄化の薫香で雰囲気を一掃したいと思うなら、満月のときを選ぶのがベストです。願いごとや癒やされたいとき、すぐにも自分に対する肯定が欲しいときにも、満月は力を貸してくれます。

さらに念を入れるのでしたら、満月がどの星座にあるかにも気をつけてみましょう（「十二星座（黄宮）と太陽の位置」の章を参照）。それによって、一年の周期にも関係している十二星座の性質を、儀式に取り込むことができます。

《新月のとき》

新月のときは、透視力や予知夢や預言のための薫香が、とくに効果的です。新月は太陽と月の合で、ここでサークルを終結させ、明晰さと知力を創り出すのです。

また、新月は、心の中を見つめること、瞑想、自己認識、タロットなどの神託もサポートします。ですから、この時を利用してタロット占いをし、預言の薫香や薫香儀式をしてもよいと思います。最適なインセンスを選んで焚き、カードを引いて、その絵と解釈について瞑想してください。

このとき、とくにたっぷりと時間をかけるようにしましょう。新月のときは、インスピレーションのための霊的アンテナが大きく張られるときだからです。ただし、静かに、ある種の期待をすることで、はじめてキャッチすることができます。直感の声はたいてい小さくて、象徴に暗号化されています。慌ただしく、ストレスを感じていると、それはあらわれてきません。気持ちを落ち着かせるインセンスを「夢のハーブ」と組み合わせると、心の中にインスピレーションがわくためのベースを作ることができます。

　さらに新月のときは、長期間にわたるプロジェクトや、ゆっくりと育てていきたい新しいプロセスをスタートさせるのにも好都合です。また、休息をとったり、過ぎ去った半期を振り返ったり、手に入れたものを味わうのにも向いています。天に感謝のメッセージを伝える薫香を行いたくなったりするかもしれません。天上の助力者たちに、乳香や繊細なスパイスを捧げて、あなた自身も香りを楽しみましょう。このような感謝の儀式は、満足感とハーモニーをもたらしてくれます。

《十二星座（黄宮）と太陽の位置》

星座の力をもっとも有効に利用するためには、満月のときを選びます。といっても、星座に月があることをいっているのではありません。

牡羊座の期間の満月のときは、太陽は牡羊座に位置しますが、月はちょうど向かい側の天秤座にあります。この対立は、両極に位置しているふたつの星座の間に、緊張関係を創り出します。ふたつの星座はメダルの表と裏のようなもので、互いに補い合う極を作っています。太陽はとくに意識の世界で、月は無意識の精神世界を象徴します。

満月のときの極の作用は、電池のプラス極とマイナス極のように、この地上で感じ取ることができます。満月になると妙にはしゃいだり、神経質になったりする人間や動物は、満月のバッテリーに耐えることができずに、バランスを失った状態にあります。ですから、個々のホロスコープ（天宮図）にもすべて含まれている、対局にある星座エネルギー間のバランスあるいはエネルギーの流れを手に入れることが望ましいわけです。すなわち、意識と無意識との調和です。

満月におこなう十二星座の薫香には、力を満たし、そのときどきの太陽宮の特徴を意識させて達成するという性質があります。同じことは、太陽が、それぞれの星座で、あなたのホロスコープ（惑星、座標軸）の上昇点に触れる数日にもあてはまります。このときにおすすめのインセンスを、ストレートまたはブレンドで使ってみましょう。

牡羊座 ［3月21日～4月20日］

この時期、力を与えるハーブ（たとえば、ローズマリー、ロシアンセージ、カルダモン、オールスパイスなど）はすべて、あなたの人生と個性にパワーとイニシアティブを取り入れます。煙をたちのぼらせて、羽か手でオーラの中へと風をおくりましょう。踊ったり、動いたりすると、より効果的です。牡羊座は活動と、スタートする力、新しいアイデアの宮だからです。また、火の宮なので、ろうそくをたくさん並べてください。

対応するインセンス：没薬、サイプレス、パイン、シダーウッド、コリアンダー、シナモン、カルダモン

牡牛座 ［4月21日～5月21日］

この時期は、官能的な甘い香り（たとえば、スイ

ートフラッグとシナモン、スティラクスかシャムベンゾインとトンカビーンズ）を焚きましょう。人生と肉体を享受させてくれるのが牡牛座です。これは、逆説的になりますが、それぞれの楽しみの終わりを受け入れたときに、はじめてうまくいきます。牡牛座の期間の満月のときは、月はちょうど蠍座にあります。蠍座は解放（手放すこと）の宮です。満月の薫香儀式は、適度、すなわち満足感のにあふれたバランスを見出させてくれます。薫香を意識的に別の楽しみ（美食、あるいは性的に、または感覚で楽しむ入浴など）と結びつけるのもよいでしょう。母なる大地への感謝も牡牛座のときにはぴったりです。

対応するインセンス：セージ、白壇、麝香、丁子、薔薇、ジャスミン、ベンゾイン

双子座［5月22日〜6月21日］

精神的な支えになるインセンス（たとえば、ラベンダーとコーパル、カンファーを少量）が、この時期には適しています。双子座は情報とコミュニケーションの宮です。私たちはさまざまなことを学び、好奇心旺盛な子供のように、知るというすばらしさに驚きをおぼえるのです。もし驚きや学

ぶ意欲を失っていたら、あるいは、今年は大切な試験を受けるというような場合は、双子座の満月に薫香をして、学習の理解力、あるいは精神的な刺激や心機一転を願いましょう。

対応するインセンス：マスチック、シナモン、ラベンダー、月桂樹

蟹座［6月22日～7月22日］

想像力、霊性、母性、豊穣の時で、これらの力があなたを活性化します。この時期の薫香には、守りや夢の植物ならなんでも（たとえば、マスチック、セージ、フェンネル、ローレルなど）適しています。蟹座は無意識の海を治めていますが、月は向かい側の山羊座にあり、無意識の力があふれてしまうのを防ぎます。どんな形の想像力にも創造性にも、しっかりした現実的な枠が必要です。それがなければ、ただの現実離れした夢想にすぎません。水を入れたお皿をシンボルとして儀式に取り入れましょう。

対応するインセンス：蘇合香、樟脳、月桂樹、シナモン、ヒソップ

獅子座 ［7月23日〜8月22日］

この時期には、自分の中の「王様」、自尊心を強めることができます。それには、最も質のよいアデン乳香、繊細さ抜群のミルラ、サンダルウッド、ムスク、などがぴったりです。要するに、上質で高価なインセンスです。なんて豪華なこと！　でも心配はいりません、ホリスティックな水瓶座が反対側にいて、太陽のような獅子座の心が絶対君主になってしまわないように面倒をみてくれます。

対応するインセンス：乳香、没薬、アンバー、丁子、シナモン、フェンネル、ミント

乙女座 ［8月23日〜9月22日］

節約と蓄え、体の健康とグッドコンディションのための薫香を行うときです。獅子座のような贅沢をして、大量の乳香を買いたいという誘惑にかられたら、それも必要かもしれません。乙女座は、浪費したお金がどうしたらまた入ってくるか、計画を立てるので、乙女座のときの満月は、物質的なことのための薫香、仕事や成功のための薫香に向いています。これに合うインセンスは、スイートフラッグ、スターアニス、乳香などです。

対応するインセンス：白檀、コショウ、安息香、レモンの皮

天秤座［9月23日〜10月22日］

収穫の乙女座のあとは、愛と調和のときが始まります。天秤座は、パートナーシップと友情の宮です。自分の生活に愛と調和が足りないと思ったら、たとえば、カルダモン、コリアンダー、マスチックなどを焚くとよいでしょう。天秤座のときの満月は、ふたりの美しい官能的な夜にもぴったりです。美しい音楽と、甘い愛の薫香のうっとりするような香りと……。

対応するインセンス：タイム、マスチック、ガルバナム、薔薇、白檀

蠍座［10月23日〜11月21日］

解放のとき。浄化と克服、古いものや使い古しを捨て去るときです。内面の奥深くを浄化し、変換するための薫香（たとえば、ジンジャー、乳香、少量のナツメグで）か、または、あなたより先に存在し、あなたも多くを受け継いだ先祖のための薫香をおこないましょう。もはや適当ではなくなった古い構造や拘束から自分自身を解き放つのです。

対応するインセンス：ジンジャー、ローズマリー、麝香、丁子

射手座 [11月22日〜12月20日]

射手座のときの満月は、あらゆる師、弁士、聖職者にとって儀式のときです。信仰と理解、正義と真実のための薫香を行いましょう（たとえば、ググル、サンダルウッド、クローブで）。たとえ、あなたの人生の意義が失われてしまっているとしても、今がそれを探し始めるのに都合のよいときなのです。射手座は、細部にとらわれずに、全体を見渡すことができるようにしてくれます。

対応するインセンス：ヒソップ、ディル、ナツメグ、没薬、丁子

山羊座 [12月21日〜1月19日]

冬至で始まりますから、冬至の薫香が考えられます（レシピ参照）。山羊座の性質は、粘り強さ、野心、現実感覚です。スタミナ、健康、明晰さのための薫香をしましょう（たとえば、インドチャイの香料、スイートフラッグ、スターアニス、ベンゾインで）。

対応するインセンス：安息香、コショウ、白檀、乳香、サイプレス

水瓶座［1月20日～2月18日］

この時期は、ホリスティックな関係に対する感覚が強まるときです。水瓶座のときの満月を利用して､あなたの束縛や自由と取り組んでみましょう。かせを断ち切って、新しい考えを得るために、薫香をします。でも、あなたの人生に変化の嵐が吹き荒れ初めても、不思議に思わないでください。もちろん、あなた自身もいっしょに加わってはじめて、うまくいくのです。幸運の輪を自分でまわすのです！ぴったりのインセンスは、たとえばカンファー、トウヒ樹脂、サイプレスです。

対応するインセンス：甘松、マスチック、コショウ、乳香

魚座［2月19日～3月20日］

自分を見つめたり、精神的、霊的なことにふさわしい時期です。神への信頼や軽快さが足りないときは、このときの満月に薫香をおこなうとよいでしょう（たとえば、乳香、コーパル、レッドシダー、ラベンダー、サンダルウッドで)。神秘的な魚座は、別の意識レベルに入り込み、それらの領域を人生の中へと吸収して統合する勇気を与えてくれます。

対応するインセンス：樟脳、丁子、かっ香（パチュリ）

3. すてきな薫香レシピ

この章では、私がこれまでに試したことのある
レシピを紹介しています。
粉末や固形のインセンスを、
ご自分でブレンドしてみてください。
インセンスを使った作業は、
ただ楽しいだけでなく、感性の遊びにもなります！

ブレンドのコツ

初めにブレンドのコツをおぼえましょう。インセンスの種類をあまりたくさんそろえる必要はありません。まず、数種類の植物や材料についてよく知るという方法がよいと思います。薫香をすると、植物の本質とより深く接触することができます。

初心者にはほんの数種類の材料で十分。それでもいろんなブレンドを作ることができます。このとき「ひとり二役」、つまりお茶やスパイスとして、ふだん使っていて家にあるハーブが重宝します。

インセンスブレンドを作るには、インセンスのほかに、実験などで使う陶製のすり鉢も必要です。ワークショップの参加者に、お土産にいただいたというヤシの木でできたすり鉢をもってきた方がいましたが、これも使いやすそうでした。すり鉢は内側に釉薬のかかっていない素焼き状態のものを。すりこぎも同様です。きれいに釉薬がかかっているものは、ここでは不向きです。

使い古しのコーヒーミルも便利で、スパイスをひくのに使えます。木部や、スターアニスのような固い材料は、これでよくひいて粉末にします。細かく刻むときのまな板とナイフも用意してください。

ブレンドは、新鮮なうちに調合するのがベストです。すり鉢ですっていると、すばらしい香りがただよってきて、それは楽しい作業です！

ブレンドに関して、すべてにあてはまるようなルールはありません。気に入ったもの、香りのよいものならかまわないのです。ご存じのように、匂いとか好みについてはあれこれ言い合ってもしかたがありませんし、ある人がいい香りと思っても、他の人は顔をしかめるということもあります。わかりやすい例は、パチュリーです。この香りを好む人は多いのですが、恋人にふさわしくないといって、まったく拒絶反応を示す人たちもいます。

実験してみると、いくつか抜群に相性のよいインセンスがある一方で、合わないものもあることがすぐにわかります。ときおり、「まったく正反対の」香りをちょっぴりブレンドすると、おやっという魅力が加わり、角がとれて調和するということもありますが、強い、濃い香りは、繊細なニュアンスを殺してしまいます。渋い、フレッシュなノートは、ほんの少し甘さを加えることで、逆に強められたり、草のグリーンなノートは、フルーティな芳香によってうまく補われることもあります。

あまり超自然的な効果を考えすぎたりせず、自分の鼻にしたがってみてください。時がたつにつれて、頭にりっぱな香りの記録集ができあがり、インセンスの組み合わせも簡単にできるようになってきます。

ブレンドをするとき注意が必要なのは、さまざまな材料を用いる場合も大きさをだいたい揃えるということ。樹脂を粉末にして、大きく摘んだハーブとブレンドすると、下に落ちて、最後まで沈殿して残ってしまいます。樹脂を粗めにするか、もしくはハーブもすり鉢で粉末状にするなりして、均質なブレンドにしましょう。

[入門には十分な数種類の材料]

▼樹脂1、2種類：たとえば、乳香、マスチック、コーパル、ベンゾイン、ミルラ。

▼スイートフラッグの根(いろんな面をもっているので、おすすめ)。

▼ハーブティー用から：セージ、ローズマリー、ジュニパー、ローレル、タイム、アニス、フェンネル、カルダモン、シナモン、クローブ、オールスパイス、ラベンダーなど。また、インドチャイも(シナモン、クローブ、カルダモン、ジンジャーなどが入ってティーバッグになっているブレンドティー)。

▼森を散歩して：針葉樹の樹脂(数週間よく乾燥させておく)、モミ、トウヒ、マツなどの枝。

▼ほかにレッドシダーとサンダルウッド。

《レシピをご紹介する前に》

小さじ（ティースプーン）を基本にしていますが、はじめて試してみるときや、めったに薫香はしないという方は、もっと小さなスプーン（エスプレッソ用など）を使ってもかまいません。もっと大量に作りたいときは、大さじを使ってください。

ときどき、「少量」となっているのは、親指と人差し指でひとつまみする程度の量を表しています。

また、「微量」は、キッチンナイフの先にのせた程度の量を表しています。

各レシピでできるブレンドの量は、1回分、もしくは少しずつ焚く数回分です。細かくすったハーブなどは、短時間で香りがなくなってしまうので、ブレンドしてから長く保存してもむだになってしまいます。

相性のよいインセンスのペアとその香り

スイートフラッグとシナモン — 洗練された甘さ

ローズマリーとトウヒ樹脂 — アクセントの利いたフレッシュさ

セージと乳香 — 草のバルサム調

ヒソップとマスチック — レモン風のフレッシュさ

カルダモンとミルラ — 渋さのある甘さ

シナモンとプロポリス — ハチミツの甘さ

コリアンダーと乳香 — バルサム調、あたたかい

グッグルとシナモンフラワー — 甘くてマイルド

オポポナクスとクローブ — 土の香りの甘さ

レッドシダーと乳香 — 渋い、バルサム調

サンダルウッドとシナモン — 甘い、洗練されたスパイシーさ

パチュリーとアンブレット — パウダーのような香り、重くて官能的

ジュニパーとコーパル — グリーンなスパイシーさ

スターアニスとミルラ — 甘い、土の香り、重い

カンファーとセージ — とてもフレッシュ、草の香り

スティラクスとシナモン — フローラルな甘さ

ベンゾインとジンジャー — 爽やかにし、明るい

シャムベンゾインとクローブ — 思い、甘い、濃い

ナガルモタとトンカビーンズ — 甘い、土の香り、暖かい

レモングラスとコーパル — レモンのような明るさ、活性化する、軽やかさ

乳香とローレル — バルサム調、あたたかくてスパイシー

ブレンドを作り始める前に、すでにブレンドされた形で市販されているインセンスについてひとこと。市販のブレンドインセンスを使いたいときは、原料が100％天然かどうかに注意してください。人工的に香りづけがされていて、香りが強すぎるものもよくあります。

また、ブレンドは、細かくすりつぶしてあればあるほど、個々の材料が判別しにくくなり、香りが持続する時間も短くなります。あまり長く保存しておいたものは、ほとんど香りがしません。木くずや小石などはもちろんブレンドに入れるものではありませんが、ときおり入っていたりします。

乳香ブレンドという名で、色とりどりの粒が入ったものもあります。金色にコーティングされたものもありますし、私が見たのは、完全にラッカーが塗られていました。ラッカーが焼けると不快な匂いがしますし、健康上もよくありません。

「色づけしてごまかした」ものは避けてください。本当に質のよいものならそんなつまらないことをする必要はないのですから、古い安物に色をつけて価値をごまかしていると推測できます。

エキゾチックなインセンスブレンドには、嗅ぎなれない香りのものもあります。たとえば、「チベットの儀式のお香」というパッケージから漂う香りからは、どんなインセンスがブレンドされているのかはわかりません。多くのインセンスは、香りが消えかけているときには、新しいときとまったく違う香りになるからです。この場合は試しに焚いてみるしかないのですが……。私のすすめるもっとよい解決法は、自分で作ることです！

目的に合わせたブレンド

　ここからは、さまざまな香りの傾向をもった、目的別ブレンドのレシピ集です。薫香儀式をしたり、気に入った香りがあれば、ちょっとお部屋にただよわせたりしてお使いいただけるものです。まずは、とても簡単なレシピからご紹介しましょう。

《四大要素の薫香》

これらのブレンドは、四つの要素と霊的精気に捧げるものです。要素の薫香は、それぞれの要素の質を活性化させます。「火」はあたため、エネルギーと力を与えます。「水」は感情に作用して、想像力と創造力を活性化させます。「風」は理性の世界にはたらきかけ、明晰にし浄化します。「土」は物質世界の象徴で、現実感覚や、生命の認識を強めます。神秘的な五つめの要素である「エーテル」は、あらゆる存在を織り込み結びつける、精神の根元的な力です。

[火]

インドチャイ（またはシナモン）　小さじ1/2、
スイートフラッグ　小さじ1/4、乳香小さじ１。

チャイは、はじめから薫香にちょうどよい大きさなのでそのまま使います。シナモンを使うときは、細かく砕いてください。スイートフラッグは、ほぼ同じような大きさに刻み、乳香は粗くくだきます。合わせたものを、少し焚いてください。力づけ、あたためる、繊細で甘い香りのブレンドです。

[風]

カルダモン　2莢、ジュニパーベリー　2個、
ラベンダー　小さじ1/2、ベンゾイン　小さじ1。

ベンゾイン以外はすり鉢ですって細かな粉末にします。ベンゾインはすりおろして加えます。微量を焚いてください。クリアにし、浄化し、気分を明るくします。

[水]

ジュニパーベリー　2、ローズマリー　小さじ1/2、
乳香またはマスチック　小さじ1、
ローレルリーフ　1/2。

ジュニパーベリーとローズマリーはよくすりつぶし、すり鉢ですって粉末にした乳香またはマスチックを加えます。最後に細かくちぎったローレルをいれます。さわやかな、草の香りのブレンドで、マスチックを使った場合はややレモンの風味になります。預言や明晰な思考、予知夢に効果的です。

[土]

ミルラ　小さじ1/2、フェンネル　小さじ1/4、
スターアニス　小さじ1/2、場合によりシャムベンゾイン。

ミルラとフェンネルは細かくすりつぶし、シャムベンゾインを使う場合は、エンドウ豆大のものをひとつすりつぶして加えます。最後にくだいた、または粉末にしたスターアニスを入れます。しっかり地に足をつけさせる、力強いブレンドです。上品な渋さのある、スパイシーで甘い香りです。

[エーテル]

コーパル　小さじ1、レッドシダーチップ　小さじ1/2、
マツの葉　小さじ1/2。

すべてすり鉢で細かくなるまですります。場合によっては、マツは前もって小さく刻むか砕いておきます。森のさわやかさを放ち、物質を越えたきわめて繊細なエネルギー経絡を活性化し、恵みを与えるブレンドです。

《がんばりすぎた一日の終わりに…甘いごほうび》

スイートフラッグ、ミルラ、スターアニス、スティラクス、プロポリス、ラベンダー

それぞれ少量ずつ（スターアニスは大きめのものを割けて、２～３かけ）を、別々に粉末にするのがベスト。それらをブレンドし、シナモンパウダーミックス小さじ1/4を混ぜます。

微量を焚きます。ストレスの多かった一日の終わりには、このブレンドを使って楽しくリラックスしてください。しっかりと地に足をつけさせて力づけ、フローラルな甘い香りで、その日の怒りや苦労を追い出してくれます。

残ったら、アルミホイルに包むか、または小さなガラス瓶に入れて保存してください（「保存のしかた」の章を参照）。

[シナモンパウダーミックス]

シナモンパウダー、粉末にしたオールスパイス、クローブを、3：1：1の割合でブレンドします。

シナモンパウダーミックスは、たくさんの官能的な甘いインセンスブレンドにベースとして使えます。乳香、ミルラ、ベンゾイン、スティラクスなどの樹脂とブレンドしてもよいでしょう。その場合、樹脂はすり鉢ですって、細かな粉末にしてください。サンダルウッド、スイートフラッグ、ミスルトゥーとも合います。さらに、キッチンスパイスとしても使えます！

《緑の妖精たち》

カルダモン　３莢、ジュニパーベリー３個、オールスパイス２粒を、しっかりすって、細かい粉末にします。カルダモンの緑色の莢は、黒っぽい種の部分とちがって、あまり香りがしないので取り除いてください。

さらに、コーパル小さじ１を細かくすりおろして加えます。

細かく削ったマツの葉を小さじ1/2と、アロエ粉末を微量、最後にほんの微かな量（アロエのさらに半量）のカンファーを混ぜ合わせます。

全体をよく混ぜ合わせて、少量ずつ焚いてください。

フレッシュな森の香りブレンドで、焚くと浄化しクリアにする作用があります。さわやかなグリーンの香りが好きなひとは、きっと気に入るでしょう。カンファーが、秋の森の朝のクールな爽やかさを与えています。好みによって、さらにカラマツの葉を少量加えて、“緑の妖精”を敬いましょう。

樹脂が入っているので、香りは比較的長持ちします。それでも、すてきな香りがあせてしまわないように、しっかり密閉して保存し、あまり長くはおかずに使いましょう。私はいつも少量しか作らないようにして、3〜4週間で使い切るようにしています。バリエーションとして、コーパルの代わりに自分で取ってきたマツ、トウヒ、あるいはカサマツなどの樹脂を使ってもかまいません。

《光の力》

カルダモン　３莢、ジュニパーベリー　３個を、すり鉢でしっかりすりつぶします。カルダモンは莢を取り除いて、種だけを使います。

乳香とベンゾイン　各小さじ1/2は、細かくすりおろして加えます。

サンダルウッド粉末　小さじ1/2、シナモンパウダーミックス小さじ1/4を混ぜ合わせます。

ローレルの葉　1/2枚、ナツメグフラワー　小さいもの１個（または、ナツメグ微量）、スイートフラッグ　小さじ1/4、バラの花びら　１枚を、それぞれ細かくして、加えます。

少量を焚いてください。繊細で甘い香りがして、とても明るい、光のような印象を与えるブレンドです。物質を越えた経絡を開き、神託のブレンドとしても使えます。

ちょっとアドバイス：乾燥したバラの花びらは焚いてもあまり香りがしないので、ローズ精油で香り付けして使うと、心に魔法をかける、もっとすてきなブレンドになります。

《予言のブレンド》

コーパル　小さじ1、ベンゾイン　小さじ1/2、セージとラベンダー　各小さじ1/2。

樹脂はひいて細かい粉末にし、それからハーブを入れて、ぜんぶが細かくなるまですり鉢ですります。

霊的にする力の強いブレンドで、物質を越えた繊細なものへのアンテナを作り出します。タロット占いなどによいでしょう。細かい粉末を微量、焚いてください！

《先祖を偲ぶブレンド》

乳香、マスチック、サンダルウッドパウダー、ジンジャー、シナモン、クローブ。

各少量ずつをすり鉢ですって、細かい粉末にします。すりながら、薫香を行う意味を考えてください。あなたの存在もご先祖あってのこと。薫香はそのご先祖への贈り物です。11月1日の夜、偲んで薫香儀式を行いましょう。

先祖を偲ぶ薫香を行うときは、とくにきちんと儀式を終わらせるように注意してください。つまり、あなた自身が、薫香のあとしっかり日常という地面に足をつけているかどうかです（とても重要です！）。あなたの先祖にやさしく、でもきっぱりとお別れを言って、いかなる執着もさけてください。

《祝福のブレンド》

乳香とマスチック　各小さじ1/2、ベンゾイン小さじ1、コリアンダー　小さじ1、アロエパウダー　小さじ1/4。

ぜんぶすり鉢ですって細かい粉末にします。微量焚いてください。

樹脂を多く含むこのブレンドは、気分を明るくし、不調和な雰囲気を調整して、ハーモニーを生み出します。会話がうまくいかないときの助けになります。前もって、または会話している間、このブレンドを焚いてお部屋に香りをただよわせ、調和のある親密な雰囲気にしましょう。

心地よい香りが長く残って、なんとなくうれしいような、明るい気持ちになります。それがコミュニケーションにもよい影響を与えて、会話もぎこちなさがなくなります。

《成功の魔法》

スイートフラッグ、レッドシダーチップ、レッドサンダルウッド、シナモンパウダーミックス各小さじ1/4、乳香とマスチック　各小さじ1/2、シャムベンゾイン　微量。

スイートフラッグ、レッドシダー、レッドサンダルウッドは小さく刻むか、またはミルでひきます。シナモンパウダーミックスはそのままで、樹脂の３種はすり鉢ですって細かくして加え、混ぜ合わせます。微量を焚いて、ある事柄の成功に対する願望の仲介者として、あるいは一般的な幸運の肯定として、薫香儀式を行います。

《十二夜のハーブブレンド》

ヤロー、ワームウッド、セージ、ラベンダー、ローズマリー、ヒソップ、パチュリー、タイム、ジュニパーベリー、ローレル、ミスルトゥー、トウヒの葉、マツの葉、レッドシダーチップ、レッドサンダルウッドチップ。

すべて少量ずつを、粗いみじん切り程度の大きさにして混ぜ合わせます。

乳香　小さじ山盛り２を、すり鉢でかるくすって混ぜます。

最後にアロエパウダーを微量加えます。粉末はこのような微量の場合、セージやワームウッドなど細かい毛のはえている葉にくっついてしまいます。よく混ぜ合わせて、均一にしましょう。

このハーブブレンドを、十二夜、すなわちクリスマスから１月６日の公現節までの間焚きます。ドイツのバイエルン地方やアルプス地方では、この時期に薫香を行う伝統があります。香りを焚くので、“薫香夜”という言い方もします。

昔は、この時期には地下世界への門が開くので、日が暮れたとたん、地上のあらゆる悪霊が悪事を働いてまわると信じられていました。その悪霊を遠ざけるために、家や中庭や納屋では、はらい浄めたハーブと乳香が焚かれたのでした。

この慣習は、冬至の直後に行われることを考えると、納得がいきます。つまり、光へと転換がなされたために、闇が、敗北を認めてあきらめるまで、必死の抵抗を始めるのです！

《夏至のブレンド》

ミスルトゥーの葉茎、インドのチャイ（またはシナモンを小さく砕いたもの）、セントジョンズワート、ハシバミのチップ。

各小さじ1/2ずつを、小さな器にいれて混ぜ合わせます。

ダマスクローズの花びら　1枚を小さくちぎって加え、プロポリス　微量を混ぜ合わせます。

夏至を祝う、光あふれる薫香です。ミスルトゥーは魔術的な光の担い手。セントジョンズワートとハシバミも同様です。チャイには、カッシアやカルダモンなど、あたためて力を与えるものが含まれています。プロポリスとローズはハートを喜ばせます。少量を焚いてください。甘く、スパイシーな香りがたちのぼります。

《寒い冬のハートに》

グッグル、オポポナクス、シャムベンゾイン各小さじ1/2。

シナモンフラワー　小さじ１、カルダモン（莢なしで使う）３莢、コリアンダー　小さじ1/2
すべてすり鉢で粉末にします。

微量を焚いてください。千一夜物語のエキゾチックな雰囲気のする、甘くて、あたたかなブレンドです。暖かいオリエントを夢見るような、寒い冬の日にはぴったりです。

《浄化ブレンド》

セージ、ローズマリー、ラベンダー　各小さじ1/2を、すり鉢ですります。

ジュニパーベリー　2個をすりつぶして加えます。

乳香　小さじ1/2、トウヒ樹脂、マツ樹脂　エンドウ豆大のものを1～2かけは、すりおろして、先のハーブ類に混ぜ合わせます。

少量ずつ焚いてください。部屋の空気を浄化したいときは、容器をもって歩き回り、煙に風をおくって部屋の隅々にいきわたらせるようにします。ソファやテーブルの下などにも煙をおくってください。終わったら部屋の換気をします。

オーラの浄化は、容器を両足の間の床に置き、自分の全身に煙がたちのぼってくるようにします。お気に入りの物のエネルギーを浄化することもできます。小さな物は、何度か煙をくぐらせてください。大きめの物（たとえば、アンティークなどの家具類）の場合は、容器を持ったまま、あおいで煙をおくりながら、そのまわりをゆっくり歩きます。古いクローゼットやタンスの中にも煙をいきわたらせましょう。

このような薫香儀式はすべて、自分の目的を考えながら行ってください。対象となる物（部屋やオーラ）が、付着しているあらゆるネガティブなものから解放されることに、自分の意志力を集中させます。白い浄化する光を使うと、効果を強めることができます。部屋の中を光でいっぱいにし、あなた自身や浄化したい物も白い光でつつんでください。

《青い海風》

乳香　小さじ1、マスチック　小さじ1を、細かくすります。

セージ、レッドシダーチップ、ラベンダー、各小さじ1も加えてすります。さらにカンファー小さじ1/4をすりおろして、細かい粉末にします。最後に、ラベンダーの花　小さじ1/2を混ぜ合わせます。

やや粘り気のある粉になったら、ひとつにまとめてアルミホイルに包み、1～2日ねかせてかためます。少量ずつエンドウ豆大の粒にして、それを焚きます。

この“青い海風”は、とくべつ繊細な浄化ブレンドです。カンファーの香りがとても爽やかで、クリアにしてくれます。レッドシダーも雰囲気の浄化作用があります。夏は、虫除けとしても使えます。香りは渋さのあるフレッシュな、草の香りです。

《ささやかな魂の慰め》

バニラの莢（細かく刻んだもの）、シナモン、スティラクスを、すべて微量ずつを混ぜ合わせます。

サンダルウッドパウダー　小さじ1/2を加えます。

微量を、ゆっくりと燃やしながら焚いてください。心と魂をなでるように甘く愛らしい香りがただよい、ネガティブなエネルギーを追い払います。

《女神たちの祝福》

シナモンフラワー　小さじ１　すり鉢かミルで粉末にします。

ガルバナム　ヘーゼルナッツ１個分の量　こねてかたまりにします。

スティラクス、オポポナクス（細かくすったもの）、ガランガルパウダー　各微量ずつを加えて混ぜ合わせます。

カルダモンの種実（莢は除く）を細かくすって、加えます。

ナルド　小さじ1/2　細かく刻み、混ぜ合わせます。

すばらしい神秘的な香りで、グリーンで風味のある、甘いトーンがただよいます。長く香り、落ち着けて、地にしっかりと足をつけさせ、守ります。微量を焚いてください。偉大なる女神たちにぴったりな、贅沢な儀式の香りです。ガルバナムはやわらかいので、少し多めに使うと、真珠大の小さな粒にして焚くこともできます。

《インドの思い出》

トンカビーンズ　1/2個、ナガルモタの根　約２センチのもの　１かけを、おろし金ですりおろして細かくします。

プロポリス、サンダルウッドパウダー　それぞれ微量ずつ加えます。

微量を焚いてください。繊細な甘さの、あたたかく、力づけるエキゾチックな香りです。インドの香りを思い出させてくれます。

《ナイトフラワー》

アンブレット粒、コリアンダー、クローブ　各小さじ1/2を、すり鉢ですって粉末にします。

パチュリー葉茎　小さじ１、ベンゾイン　小さじ１、スティラクス　小さじ1/2を加えて、すり鉢でしっかりと混ぜ合わせます。

ローズの花びら２～３枚を細かくちぎって、ぱらぱらと加えます。

全部合わせたものをアルミホイルに包み、軽く押します。２～３日ねかせてから、焚いてください。ねかせることによって、それぞれインセンスが結びついて、やや湿り気のある粒状のブレンドになります。できるだけゆっくりと、やさしく燃やしてください。そのためには、炭の上におく灰または砂を多めにして、直接高熱にならないようにします。こうするとやさしく燃やすことができます。

この方法は、アンブレットや繊細な植物を使ったすべてのブレンドに共通して使えます。これらは、高熱ではすぐに焦げ臭くなってしまいます。アンブレットはフローラルなブレンドに官能的な香りをプラスして、催淫効果を発揮すると言われています。ハチミツの甘い香りが好きな方は、ほんの微量のプロポリスも加えてみましょう。

このブレンドを焚くと、官能的で、フローラルなムスク調の香りがひろがり、やさしくつつみこんでリラックスさせます。夏の夜のエキゾチックな花園の香りです。

《デラックスブレンド》

スイートフラッグ　少量、スターアニス　割ったかけら２〜３つ、トンカビーンズ　1/2。

いずれもミルでひいて粉末にするのがベスト。

ナツメグ　微量をおろします。

グッグルとオポポナクス　各小さじ1/2、シャムベンゾイン　微量を、すり鉢で細かくすり、粉末にしてから加えます。

サンダルウッド（細かく刻むかまたは粉末）小さじ1/2と、ナルド　小さじ1/2（細かく刻む）。

材料をすべてよく混ぜ合わせます。少量ずつ焚いてください。贅沢な材料を使った、スパイシーであたたかく、すばらしい、豪華な香りです。これで、どんなリビングも、マハラジャ宮殿に変えてしまいます！しっかりと地に足をつけさせて、あたため、グッグルとスイートフラッグは私たちの中にある火の力を活性化し、弱っているときや落胆しているとき、調整する効果があります。

固形のインセンス

小さな固形のインセンスは、私にとっては特別なもので、ほんの少しだけ焚きたいときに使います。炭は４分の１の大きさにして火をつけ、真珠大のパール型をひと粒、またはコーン型をひとつ置いて、あとは放っておきます。固形のインセンスはゆっくりと燃えていって、部屋の中に香りが広がります。ときには、ふたつ目を置くこともありますが、たいていはひとつで十分、部屋はすてきな香りでいっぱいになります。

固形のインセンスは、粉末のブレンドよりも香りが長持ちします。ハチミツやアラビアゴムなどが結合剤の役割をして、ハーブやスパイスをしっかりくっつけ、焚く前に香りが逃げてしまうのを防ぐからです。固形のインセンスはプレゼントにもぴったりです。

パール型やコーン型をつくるときは、せいぜいヘーゼルナッツ大くらいの大きさまでにしましょう。小さいほど、よいと思います。作ったら、焚く前に２～３日おいてしっかり乾燥させてください。あとは湿らないように密封して保存します。

《ハチミツ・パール》

乳香、ミルラ　各小さじ1/4をすって粉末にします。

プロポリス　小さじ1/2、シナモンパウダーミックス　小さじ１、好みによって微量のスティラクス。

すべてカップなどに入れて混ぜ合わせ、小さじ1/2杯のハチミツを加えて根気よくねり合わせます。エンドウ豆ほどの大きさのパール型にしたら、乾燥させます。ひとつずつ焚いてください。ハチミツの甘い誘惑の香りです！

《レモン・パール》

マスチックとベンゾイン　各小さじ1/2をすって粉末にします。

レモングラス　小さじ1　粉末にします。

好みによっては、微量のアロエを。

すべて混ぜ合わせたら、小さじ1/2杯のハチミツを加えてねり合わせます。エンドウ豆ほどの大きさのパール型にしたら、乾燥させます。ひとつずつ焚いてください。フレッシュな、レモンの明るい香りが広がります。

《サンダルウッド・パール》

乳香、シャムベンゾイン、ミルラ　各小さじ1/4をすり鉢ですって粉末にします。

サンダルウッドパウダー　小さじ1。

すべてカップまたはすり鉢に入れて混ぜ合わせ、小さじ1/2杯のハチミツを加えてねり合わせます。エンドウ豆ほどの大きさのパール型にしたら、乾燥させます。ひとつずつ焚いてください。品のよい、高貴なサンダルウッドの香りです。

《スパイシーレッド・コーン》

スターアニス　２個、レッドサンダルウッド、レッドシダー　各小さじ１を、ひいて細かい粉末にします。

パチュリー　小さじ１とラベンダー　小さじ1/2も加え、コーパル　小さじ１をすり鉢で細かくすって入れます。

アラビアゴム　小さじ1/2杯くらいを、1/4カップのぬるま湯でといて、かたまりのないシロップ状の液体にします。それを、上のインセンスをブレンドした中に、小さじ一杯ずつ入れるような感じで、少しずつ加えていきます。しっかりしたパテ状になるまで練り合わせます（水分が多すぎないように注意！）。小さな玉かまたはピラミッド型のコーンにして、２〜３日乾燥させます。ひとつずつ焚いてください。

《レモン・コーン》

スイートフラッグ、レモングラス、レッドシダー　各小さじ１をひいて細かくします。

ジンジャーパウダー、ガランガルパウダー　各小さじ1/2を加えます。

さらに、コーパルまたはマスチック　小さじ１をすり鉢ですって細かくし、加えます。

アラビアゴムで、先の「スパイシーレッド・コーン」と同じ要領で練り合わせます。

小さな玉かピラミッド型にしたら、２～３日乾燥させます。ひとつずつ焚いてください。渋さのあるフレッシュな、レモンの香りです。

《オリエンタル・コーン》

コリアンダーとレッドシダー　各小さじ１を細かい粉末にします。

カルダモン　６つ（莢は除く）を細かくすって加えます。

シナモンパウダーミックス（バリエーションとしてサンダルウッドパウダー）小さじ1/2、トンカビーンズ　1/2個をすりおろし、グッグル　小さじ１、シャムベンゾイン　小さじ1/2をすり鉢で細かくすって、加えます。

アラビアゴムで、先の「スパイシーレッド・コーン」と同じ要領で練り合わせます。

小さなコーン型にして、２～３日乾燥させます。

ひとつずつ焚いてください。あたたかな、調和の香りが広がります。

アラビアゴムは、ドイツでは薬局で手に入ります（日本では画材屋にあります）。

この白い粉末は、料理のときのつなぎとしても使われます。これは、アカシア科の木の樹皮に傷をつけて採取した粘液を乾燥させたものです。古代から知られていて、とくにインセンス材料として、またインセンスの接着剤として使われていました。

保存のしかた

ハーブやスパイスのインセンスは、常にしっかり密封して保存します。購入時に密封できる容器がついていなかったら、自分で小さな缶か密封できるふた付きのガラス瓶などに入れて、日が当たらない場所に置いてください。これで、ハーブやスパイス類はもっとも長持ちします。

そうは言っても、香りよいハーブを保存できる期間は１年か、長くてもせいぜい２年ほどです(木のスパイス類は､ハーブよりは長持ちします)。それ以上になると、精油の量が明らかに減って、香りの質も低下します。

ハーブやスパイスは、細かくしたり粉末にしたりすると、それだけ香りがなくなるのも早まります。

購入するときはできるだけ、細かくする以前の状態のものを選んでください。たとえばクローブならパウダーではなく全体のものを買って、必要なときに自分で粉末にします。ハーブを自分で乾燥させる場合も、できるだけ大きなまま乾かします。細かくすれば、芳香は解き放たれ、ハーブの香りがあせてしまいます。

樹脂の場合はたいてい、数年おいてもそれほど問題はありません。やはり密封して、火や暖房の近く、湿気のある場所などは避けてください。樹脂の場合も、大きい方が香りは長持ちします。樹脂パウダーは、時間がたつにつれて香りがなくなりますし、場合によっては長持ちさせるために添加物が入っているものもあります。ですから、私はできるだけ大きめの粒を選びます。

自分で作ったブレンドも、あまり長くはおけません。とくに、細かくしたハーブが含まれている場合は、香りがすぐになくなってしまうので、たいていは２～３週間程度しか保存できません。ですから、私のレシピは少量に合わせてあります。ときどき焚くだけの人でも、ほぼその間で使い切れるくらいの量です。

残ったブレンドは、しっかりしたふた付きの小さなガラス容器か､アルミホイルに包むなどして、常にしっかり密封した状態で保管してください。少量のインセンス用に、色紙やクリスマス飾りに使う金色のホイル紙などで、小さな包みを作るといいでしょう。

図の折り方を参考になさってください。紙やホイルを12センチ四方に切り、端を約5ミリ残しながら、三角形に二つ折りします。左右の角を、少し重なるように真ん中に折りたたみ、片方の端をもう一方の端にさしこみます。最後に、上の部分を下へ折り曲げて、封筒を閉じるようにしたらできあがりです。この包みはけっこう丈夫なので、同じ香りになら何度か繰り返して使えます。

最後に、市販の線香型インセンスについて少しお話ししておきましょう。現在、いろんなショップやスーパーマーケットなどで、線香型のインセンスが売られています。たいていは、インドや東洋のものです。香りの種類も多いのですが、品質の方もさまざまです。

人工的に香りづけされて、強烈で、鼻につくようなものも少なくありません。もちろん、100%天然の製品には、人工香料は必要ありません。また、細い竹の軸にパテ状のインセ

①
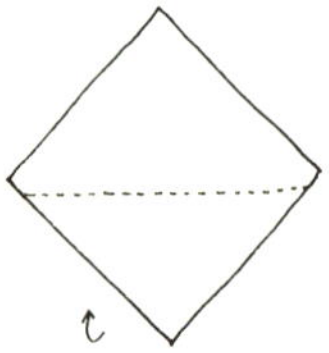

②
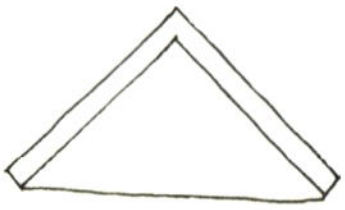

③
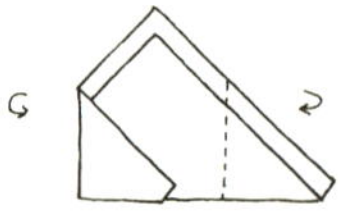

④
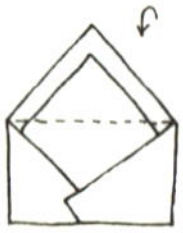

⑤

ンスを塗ったものもありますが、竹の匂いがインセンスのやさしい香りに影響してしまいます。軸のないものをおすすめします。線香型インセンスは、ふつうは煙も少なめで、それだけ純粋な芳香がたくさん広がります。このような線香の多くは、現在もすばらしい薫香伝統が受け継がれている、中国や日本の製品です。

中国では昔、象徴的な形に作られたインセンスが、いけにえの儀式に使われていましたし、線香は伝統医学の道具のひとつでした。現在もまた盛んに、古き神々のための薫香が行われています。

日本では、インセンス（お香）は日常的なものです。追悼や瞑想にだけでなく、お部屋の香りづけにも、お香を焚いたりします。日本製のものには、マッチ棒ほどの細さの、とても繊細ですばらしい品質の線香があります。その中には、ほとんど煙が出ずに、品のよい香りだけがたちのぼるものもあります。

チベットの太い線香にも軸はなく、天然素材だけで作られています。チベットの人々は、ある種のインセンスを、治療のために使います。チベットの線香の個々の成分は、羽や宝石の粉と同様に、魔術的な性質を持っているのです。

4. 日本の薫香（インセンス）

私たちの身近にあるお香。
和雑貨のお店で見かけたり、呉服屋で桐箱に
着物と一緒にいれてくれるお香は、「匂ひ袋」。
常温で薫り、虫よけにするのは、「防虫香」といいます。
袋が大きくなると「置き香」。
掛け軸のように柱に吊り下げるものは
「掛け香」とよばれます。
火をつけるだけで手軽に
たゆむ煙と香りを楽しむことができるのは、
三角形のコーン型、うずまき型、お線香。
形はさまざまですが、
お香そのものの香りとお香に火をつけた時と
香りが違うのでぜひ火をつけることも楽しんでください。

直接火をつけるお香

直接火をつければいいだけのお香は、手軽に楽しみたい時や道具がないときにおすすめです。

1. 線香／スティック型（13.5cm〜30cm）

一番ポピュラーな型のお香。花やフルーツ・ハーブの香りのものもスティックタイプであればそれはお線香です。線状なので‘お線香’と呼ぶだけで、お線香=仏事ばかりではありません。お部屋の香りづけにも手軽です。

燃焼時間は長さに比例しますが、長いものは折るなどして時間の調整ができて便利です。燃えている面積が均一なので、香りも均一に広がります。仏事での焚き方や本数は、宗派によって異なります。一般的には「仏・法・僧」に帰依するという考えから、香炉のなかで１本ずつ三方に立てるのがよいといわれています。

2. コーン型（△型）

円錐の先端に火をつけます。下に行くほど燃える面積が増えるので、その分香りも強くなります。

短時間に強い香りを出すことができ灰も散らばらないため、人気の高い、使いやすい形です。

3. うず巻型（蚊取り線香でおなじみ）

ぐるぐると渦を巻いているので、燃焼時間が長く、広いお部屋や空気の流れの多い場所などにむいています。途中で消したいときは折るか、金属性のクリップなどで燃えている部分の下を挟んでおくとよいでしょう。

間接的に熱を加えるタイプのお香

火をおこした炭をうずめた香炉で一手間掛けてお香をたいてみる。しゃれた香炉や炭が燃えるさまも楽しめる本格派です。

1. 印香（いんこう）

梅・扇・紅葉型とまるで和菓子のようなお香です。香料をのりで押し固めたもので、熱くしたお灰の上において薫らせます。

2. 練香（ねりこう）

粉末にした各種の香料と炭の粉に蜂蜜や梅肉を加えて練り上げ、一定期間壺の中で熟成させます。「源氏物語」など文学にも登場するお香もこの練香「薫物（たきもの）」です。独特の深みのある香りは、平安貴族の香りと同じような優美な時間を味わえます。

3. 香木

香炉から立ち上る一筋の香煙。香木そのものの香りを静かに楽しむそんな一時はとても贅沢です。以下の香木を用いますが、現在は、南米インカの聖なる木「パロサント」やローズウッド（紫檀）などを楽しむ人も。

・びゃくだん（白檀）

ビャクダン科の常緑高木の心材と呼ばれる真ん中の白い部分。インドネシア原産で古くから日本でも、お香とし、また、仏像・扇子などに。インドのマイソール産が上質とされますが、レッドデータに記載されたため保護されています。別名サンダルウッド。

・じんこう（沈香）

香道ではもっとも高貴な香木とされます。ジンチョウゲ科アキラリア属木質部に樹脂が凝結し、沼などで樹木が一定の温度の湿度の地中で埋もれている間に油脂分が変化したものと考えられています。水に沈むことから沈香と呼ばれます。

これら間接的に熱を加えるタイプのお香は、まず、その目的に合わせて「空薫（そらだき）」か「聞香（もんこう）」かを決め、またそれに合わせたお香や炭・香炉などの道具を選びます（香炉は鑑賞用としてその空間にあったものを選び楽しむことができます)。初めて楽しむならお部屋で香りをくゆらす「空薫」をおすすめします。銘付由来のある伽羅や沈香など、香木の香りを楽しみたい場合は「聞香」をお勧めします。

［空薫（そらだき）］

火道具(火箸)　香炉　みやこ炭　みやこ灰

練香・印香・香木

①みやこ炭にマッチ・ライター等で火をつけ、着火を確認します。ちちちと音もします

②炭が半分位おこるのを約５分程待ってから、香炉の灰に浅く埋め、灰をかぶせます。

③熱くなった灰の上に香木を直接のせて燃し、香り煙をくゆらせます。香木の大きさはマッチ棒程の太さで１cmぐらいのもの２、３本が適当です。

電気香炉で手軽に空薫を愉しむこともできます。

②

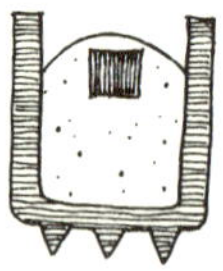

③

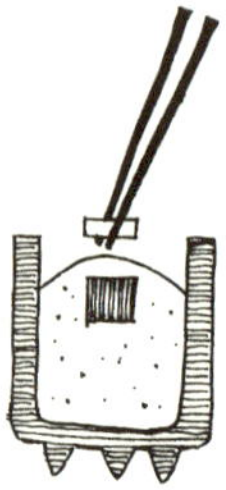

［**聞香**（もんこう）］伽羅・沈香などの複雑な味わいの場合

火道具　聞香用香炉　香炭団　聞香用炉灰　香木

①「香炭団」はコンロや電熱器で全体に火が回るまで、よくおこしてください。

②あらかじめ火箸で灰をよく混ぜ、香炉の中心にちょうど炭団が入るぐらいの穴を作り埋めます。火加減（炭を埋める深さと灰をかける量）は香木から煙があがらないように調節します。

③香炉を手前に回しながら火箸で灰を香炉の中心に向ってかき上げます。

④香炉を回しながら灰押さえで軽く灰を押さえ、山の形に整えます（香炉の中心に頂点がくるように）。

⑤火箸で山の頂点から炭団まで火気を通す火窓を作ります。

⑥銀葉挟みで火窓の上に銀葉を水平にのせます。

⑦小さく割った香木を銀葉の上（火窓の真上）にのせます。香木の大きさはマッチ棒程度の太さで５mmぐらいが適当です

⑧香りを聞くときには銀葉が火窓から外れることがありますので、香炉は水平にもちます。

注意：終わりましたら銀葉と香木を外して炭団を取り、灰を上下にかき混ぜて熱を冷まします。聞き香は香道につながります。

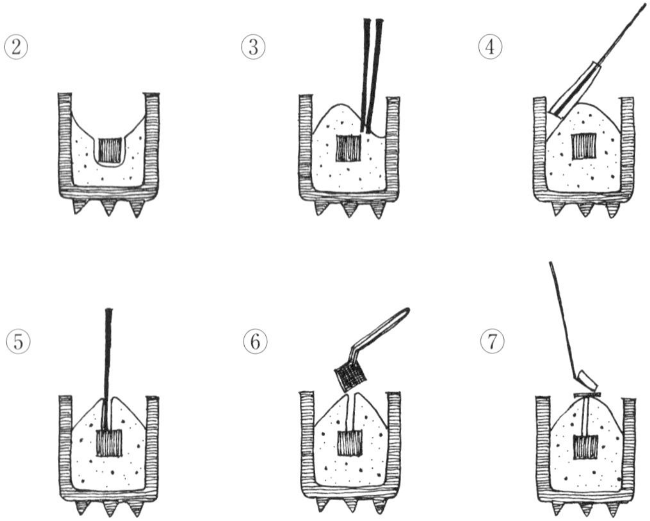

日本の香道

香道では香りを「嗅ぐ」と言わず「聞く」と表現します。

香道とは一定の作法のもとに香木を焚き、たちのぼる香気の異同によって古典的な詩歌や故事、情景を鑑賞する文学性、精神性の高い芸道です。

現代は、和歌や物語文学の世界を主題にした「組香」が主流で、そこでは、いくつかの香木が焚かれ香りを聞き分け合いますが、正解の優劣を競うものではなく、あくまで香りで表現された主題を鑑賞し、その世界に遊ぶのが目的です。

鎌倉時代、それまでの平安貴族が好んだ薫物（数種類の香料を練り合わせて作る香）から、香木そのものの香りを楽しむ「聞香」が武士たちの間で盛んになりました。

室町時代になり、東山文化が花開く中で茶道や華道と共に香道も成立します。足利義政が志野宗信や三條西実隆らに香木の選定を依頼したことから、「六国五味」とよばれる香木の判定法や、組香などが体系化され、ひとつの芸道として確立したのです。

六国とはその香木の産地から由来の、伽羅（きゃら）、羅国（らこく）、真南蛮（まなばん）、真那伽（まなか）、佐曾羅（さそら）、寸聞多羅（すもたら）という名前のことで、これに新伽羅（しんきゃら）を加えて７種類を「木所（きどころ）」と言っています。古い書物に新伽羅はでていませんので六国です。

一方、植物学的には、伽羅、羅国、真南蛮、真那伽、新伽羅は、Aquilaria属、佐曾羅は、Santalium属（白檀）、Pterocarpus属（赤栴檀）、寸聞多羅は、Gonislylus族の植物であるとの分類がなされています。

更に香木の持つ代表的な印象を辛、甘、酸、鹹、苦5つの味に大別して「五味（ごみ）」と言います。

六国五味の中の伽羅は沈香のうちもっとも高貴とされる香木で、「宮人の如し」と形容されます。伽羅は梵語のカーラアグル（黒い沈香の意）からといわれてもいます。別名、伽南香や奇南香とも呼ばれ、ベトナム中部奥地密林のごく限られて一部地域でしかとれません。

江戸時代、香道は最盛期を迎えます。特別な階層だけが楽しむものから、広く一般庶民にも普及し、たくさんの組香や意匠を凝らした香道具などがこの時期に作られました。すばらしいお道具が作られるのもこの頃です。この様に、「香道」は、世界に類をみないわが国特有の文化として現代に受け継がれています。

現在は、三條西実隆を開祖とする「御家流（おいえりゅう）」と、志野宗信を開祖とする「志野流（しのりゅう）」の2つが主流になっています。御家流は平安時代から公家たちの間で行われてきた香遊びを源流として優雅さを尊び、一方武家を中心に広まった志野流は武家の格式を重んじるという特徴があります。

源氏香

「代表的な王朝物語」をテーマに据えた熟成された組香です。「源氏香」では、５種の香木が各５包ずつ計25包用意されます。香元（お手前をするひと）はこれをうち混ぜて、中から任意の５包をとり、これを順にたきます。香炉が５回まわり、すべての香が終了したあと、香りの異同を記紙（答えを書く紙）に記し、「香の図」を見ながら自分の書いた図と照合し、巻名を書いて答とします。

このように文字ではなく図で示すのが「源氏香」の特徴です。５本の縦線をまず書いておき、香を聞いて同じ香りと思われるものを横線でつないでいきます。この五本の線を組み合わせてできる型は52通りあり、この54通りの図を『源氏物語』54巻のうち桐壷と夢浮橋の巻を除いた52巻にあてはめているのが「香の図」です。

仏教での香

りょう厳経というお経の中で「沈水香を焚くと香気は寂然として鼻の中に入ってくる。その匂いは木でもなく、空でもなく、煙でもなく、火でもない。においは通り過ぎても停滞することなくも迫ってきてもとどまるところがない」と書かれ、「妙法蓮華経」には「菩薩や出家や信者たちの上に、栴檀や沈香の、えもいわれぬ香りが漂い天から美しい花びらや天の羽衣が降ってきました。」また「鼻の功徳というのは、三千世界の香りをすべて嗅ぎ分けることができるでしょう。赤や青や白の蓮華の香り、沈香や栴檀の香り、天人の体の香りさえ嗅ぐことができるのでしょう。」などと書かれています。

仏教では仏を供養する方法として、焼香・塗香を十種供養・五供養力などの中に数え、香華と熟語にし、花とともに仏に供養するのに使います。

原料の香木の種類から栴檀香（白檀）・沈香・龍脳・伽羅・安息香、サフランの花を圧してつくる鬱金香（うっこんこう）などがあり、使用法から塗香に用いる香水・香油・香薬、焼香用の丸香・散香・抹香・線香とわかれます。また法の功徳を香にたとえ、戒香・聞香・施香などと称し、仏殿を香室・香殿などとよんだりします。

出家教団では身を飾る塗香は許されず、見習期間の僧（沙弥）の十戒のうちに、身に香油を塗ることを禁ぜられていました（[仏教語大辞典］より）。

1. 長尺線香（ちょうじゃくせんこう）

お経をとなえたり、瞑想のための座禅を組むときに使われるお線香です。時間を図るために焚かれます。

2. 塗香（ずこう）

お寺で写経をする際に配られる細かな粉末のお香です。身を浄め、邪気を払うといわれ、参拝者や修行の際に、手と身体に塗ったり、ご本尊に捧げたりします。

3. 焼香（しょうこう）

刻みと呼ばれる粉末より大きめに砕かれた香木や漢方植物を混ぜ合わせたもの。沈香・白檀・丁子・鬱金・竜脳の五種の組み合わせの五種香、その他の香料を加えた七種香・十種香などもあります。

《浄土真宗本願寺派の香》

[**常香盤**（じょうこうばん）]

香型（こうがた）を用いて抹香を灰中に蛇行させてなかば埋め、その一端から燃やして、常に香気を立てるようにした台付きの香炉。『考信録』に「本堂の常香は昼夜間断（けんだん）なし」とあり、阿弥陀堂では、前卓（まえじょく）に代えて使用します。

[**香炉**（こうろ）]

仏尊前に香を焚くのに用いる器。香を薫じて供養するのは、インドでは古来行われており、『大経』巻下には「散華焼香」とあります。

香炉には金香炉（かなごうろ）（金属製）と土香炉（どごうろ）（陶磁器製）の二種類があり、金香炉は焼香のときに用い、入子（いれこ）に炭火を埋め込み、沈香・五種香などを薫じます。土香炉は燃香（ねんこう）のときに用い、抹香または線香を横にして燃やします。平常は、香炉台の上に金香炉を置き、その手前に土香炉を置いて燃香とします。2つの香炉を用いるのは、室町時代の記録にも残っています。

僧である一休禅師が説いたという香りの功徳10条を「香十徳」といいます。床の間などに飾られます。

『香十徳』

感格鬼神　感は鬼神に格（いた）る……感覚が鬼や神のように研ぎ澄まされる

清淨心身　心身を清浄にす……心身を清く浄化する

能除汚穢　よく汚穢（おわい）を除く……穢（けが）れをとりのぞく

能覺睡眠　よく睡眠を覚ます……眠気を覚ます

静中成友　静中に友と成る……孤独感を拭う

塵裏偸間　塵裏に閑（ひま）をぬすむ……忙しいときも和ませる

多而不厭　多くして厭（いと）わず……多くあっても邪魔にならない

寡而為足　少なくて足れりと為す……少なくても十分香りを放つ

久蔵不朽　久しく蔵（たくわ）えて朽ちず……長い間保存しても朽ちない

常用無障　常に用いて障（さわり）無し……常用しても無害

インセンスの歴史

「香」は、禾（穀物）をふかして容器（あるいはコンロか）の上にのせた姿、つまりふかしたての飯の香りがただよってくることからという説と、稲と日と分かれるがそれは黍きびが甘いという意味と言う説もあります。

それでは、日本の伝統に息づくインセンスの歴史をご紹介しましょう。

香りの利用は6世紀中頃中国より仏教とともに、伝えられ『日本書紀』の「推古天皇三年の条」に、「三年の四月（うづき）に、沈水、淡路嶋に漂着（よ）れり。其の大きさ一囲（ひといだき）」「嶋人、沈水といふことを知らずして、薪（たきぎ）に交（か）てて竈（かまど）に焼（た）く」、とあり、聖徳太子が「これは栴檀（せんだん）という木からできていて、水に沈むのが沈水香（じんすいこう）、久しく沈まないものを浅香（せんこう）という」といわれたそうです。正倉院には、長さ5センチ度の沈香の断片から、今にも焚いて聞けそうな小片まで、大量の沈香が保存されています。これらの香木は、宝物に香りをつけたり、防虫などの効果を期待して入れたものでした。

東大寺は、天皇の勅命により民衆に薬を施す寺であったことから、数々の薬の原料が出入りしており、沈香は、「香薬」の材料として使われ、精神安定、健胃、強壮、利尿、解毒の効能があるとされていました。香を薬として服用します。夜泣き、疳の虫、食中毒などに効くとされている丸薬「奇応丸」は、東大寺発祥の薬で、主成分は沈香の粉でした。沈香のほかにも麝香、白檀、丁香、木香、桂心、薫陸、胡同律、琥珀、香附子、甘松香などが保存され、今もみることができます。

琥珀は、宝石のように思われていますが、当時は香料や薬でした。正倉院では、直径1cm程の丸薬の形をした練香の破片も発見されます。つなぎに使う蜜も買い入れた記録があることから、練香は奈良時代にもあったといわれます。

練香の製法は、754年に鑑真和上が12種類の香の原料とともに伝えられ、各種の香料を粉末にして調合し、これにつなぎとして蜂蜜などを加えたとあります。粘りと艶を加えることはもとより、その湿り気が練香独特の深みのある香りを創造します。こうして丹念に作られてできた練香は、一定期間、壷の中で熟成させ、行事に使われました。

《他の香薬としての香料》

じゃこう［麝香］

雄の麝香鹿の麝香腺分泌物から作られる動物香料。少量でも薫りが強く、お香に用いられ、薬・香水としても。主に中央アジア・中国が産地。保護法により守られ高価です。

ちょうこう［丁香］（別名・クローブ）

フトモモ科の熱帯常緑高木の蕾を乾燥したものを薬・スパイスに使用。果実からも油をとります。黄色の染料としても。軽い麻酔・殺菌作用があり、歯痛の薬「今治水」の処方に使われます。形から、丁子とも。

もっこう［木香］

キク科の多年草の根を乾燥されたもの。薬として腹痛・下痢などのお腹の不調に使われますが、独特の香りから、お香の材料にも。

かいこう［貝香］

巻貝のふたを火であぶったのち、お酒につけてまた火であぶって粉末にしたもの。香りも強いが、保留剤として、お香に調合されます。聖書にでてくるシュヘレテ香ではないかともいわれます。

けいひ［桂皮］

クスノキ科のケイまたは、ニッケイ属の常緑樹の皮を乾燥させたもの。お菓子などにも使われるため、甘い香りといわれるが辛みと表します。薬・スパイスとして、お香では、練香に使われます。英名シナモン。桂皮の中でも５～６年の幼樹の皮のものは、桂心とよばれます。

こどうりつ［胡同律・胡椒］

インド海岸地帯が原産のつる性のコショウ科常緑低木の果実を乾燥させたもの。英名ペッパー。中世ヨーロッパでは高価で価値があり、大航海時代をもたらしたスパイス。薬にも。

こうぶし［香附子］

カヤツリグサ科ハマスゲの根茎を乾燥させたもの。鎮痛薬として使われ、お香としては、線香に使われます。お経にも載っている香薬。

かんしょうこう［甘松香］

ヒマラヤ地方原産のオミナエシ科の多年草の根や茎を乾燥させたもの。健胃・鎮静効果があるとされ、英名ナルドとして、聖書にもでてくる香料。

りゅうのう［竜脳］

フタバガキ科の常緑樹からとる樟脳に似たかおりを持つ無色の結晶。草壁王子ではないかといわれるマルコ山古墳の遺骨からも産出。楊貴妃も好んだすずりで墨をするときのボルネオールを含んだすがすがしい香り。

奈良時代の宝物殿である正倉院には、９つのえび香が残されています。この調合は唐代の薬方書『千金翼方』の処方だそうで、「乾香法　丁香一両　麝香　白檀　沈香各半両　零陵香五両　甘松香七両　かっ香八両 右の七種類、まず丁香を搗いて砕き、次に甘松香を搗き、合わせて搗き終わったら、麝香を混ぜ合わせ、衣服を潤す。」を元にしているそうです。実際、中身は、甘松香、白檀、丁香、沈香、零陵香、かっ香からなっていました。これを円形の二重になった絹布で包み巾着状に結んであります。防腐効果や殺菌効果のある香料です。衣類や文書、経巻などに良い香りをつけつつ、防虫効果も期待していたのでしょう。

「源氏物語」が書かれた平安時代になると、えび香は、防虫のためというより衣類に香りをつけるために貴族の間で流行しました。そして、このえび香と同様の中身を小さな袋にいれた物が匂い袋です。源氏物語が映し出す時代には、香りは日常生活の中にとても身近な存在だったようです。人々（ただし貴族達）は衣類に、部屋に、手紙に、香りを焚き染めて楽しんでいたようです。また、この時代の薫香は、香木を粉にして蜜で練り固めた練香（ねりこう）と、香木を砕いて絹袋に包んだ匂い袋が中心で、香木自体を燻らして香りを楽しむ「聞香（ぶんこう又はもんこう）」はまだ登場していなかったようです。

当時の香りの楽しまれ方を大別すると、「名香（みょうごう）」「衣香（えこう）」「空薫物（そらだきもの）」の3つに分類されるようです。

[**名香**（みょうごう）]

名香とは仏前に燻らす香りのことで、「削り香」や「刻み香」など、香木や抹香、練香が使われてたようです。

[**衣香**（えこう）]

衣香は衣類に香りをつけて楽しむ香りのことで、匂い袋のような「えび香」のほかに、衣に焚き染める「薫衣香」があったようです。また、「六種の薫物」と呼ばれる代表的な薫物も重用されたようです。

[**空薫物**（そらだきもの）]

空薫物は室内用の薫物で、「空香（くうこう）」とも呼ばれ、室内にそれとなく燻らせて楽しんだようです。火桶にくべたり、火取香炉で焚かれたりしたようです。この場合も「六種の薫物」が重用されたようです。

《六種の薫物（むくさのたきもの）》

平安時代に薫物として用いられた薫香の中で、代表的な「黒方（くろぼう）」「梅花（ばいか）」「荷葉（かよう）」「侍従（じじゅう）」「菊花（きっか）」「落葉（らくよう）」の６種類の薫香を特に「六種の薫物（むくさのたきもの）」と呼び、そのうち「黒方」「梅花」「荷葉」「侍従」の4種類が源氏物語に登場しています。

［ 黒方（くろぼう）］

玄人の薫りから、くろぼうと呼んだと言われています。本来、冬の香りとされていましたが、祝儀、初春そして四季いつでも使えるようになりました。

［ 梅花（ばいか）］

梅の香りとして梅肉なども加えられたりします。春の香り。近世、一番普及した薫りです。

[荷葉（かよう）]

蓮の葉の意味。清涼感ある、夏の香り。安息香が加えられることがあります。

[侍従（じじゅう）]

「天皇に近侍し、世話をする人のことで執事の意味。秋風のかんじをもちます。秋の香り。

[菊花（きっか）]

菊の香り。秋または冬の香り。菊の花を添えて移り香をしたとの記述があります。

[落葉（らくよう）]

秋の夕暮、紅葉の散りのイメージ。秋または冬の香り。調合は菊花と同じ。

このように、８世紀、鑑真により多くの仏典とともに香は仏前にお供えするための薬として用いると同時に、伝わった他の物との調合により「薫物（たきもの）」を作る「合香（あわせこう）」。その後、９世紀頃になると上流社会の間で香を衣服にたきこめ、部屋に香をくゆらせるなど「空薫物」の風習が生まれ、香が生活の中に用いられます。この流行によって10世紀頃になると香を調合する技術が発達し、作った香の薫りを鑑賞しその優越を競うようになりました。これが「薫物合(たきものあわせ)」という雅びな遊びです。

鎌倉時代にはいると武家の世となり、仏教宗派がいろいろと伝来します。その中のひとつ、栄西禅師が南宋から伝えた「臨済宗」が支配階級にうけいれられ「禅文化」となります。その中で香は沈香のみをシンプルに焚き楽しむ、「沈一種ひとくさ」という使われ方をしていました。これがやがて「闘香」や「十ちゅう香」に発展します。また出陣に際して、沈香の香りを聞いて心を鎮め精神を統一したり、甲冑に香を焚き込めて戦に臨んだとも言われています。また、貿易が栄えたことで香木を蒐集するようになった彼らは、自分の所持する香をくらべる「香合（こうあわせ)」などを盛んに行いました。

室町から引き継いできた東山文化の中、世界にも例のない、独自の芸道である『香道』が『華道』、『茶道』とともに形づくられます。そして三條西実隆、志野宗信らによって、御家流、志野流の2大流派が成立します。香木の優劣を競うことから聞香となり、次第に２種類以上の香木を一定のテーマにそって焚くように。イメージを膨らませ、その香りを文学、和歌、物語や季節の行事などにテーマを求め「組香」として行われます。

におひ袋の変遷もみてみましょう。正倉院には、日本で一番古い香袋（匂い袋）も７袋ほど保存されており、長い口紐がついていることから腰や帯につけて携帯したものだと考えられています。

色よりも　香こそあはれと思ほゆれ
誰が袖ふれし　宿の梅ぞも（詠み人しらず）

古今和歌集の一首で、漂う梅の香りから、思う人の衣服にたきしめられたにおいをしのぶ心をうたったものです。この中の「誰が袖」という匂い袋が、室町時代の後期からはやったそうです。その名の通り、袖の形に縫った２つの袋に、白檀・沈香・丁字などの香料を砕いていれた物で、両端にはひもを付け、子供用のひも付きミトンのように肩にかけて両袖に下げ携帯したそうです。

「誰が袖」と同じ時期にはやった匂い袋の一種に「浮世袋」があり、これは、絹布を三角に縫ってなかに香料をいれ、懐中したり、タンスにいれて衣類に香りを移したりしたそうです。「誰が袖」も「浮世袋」も、当時の人々は季節や気候にあわせて自分の好みの香りを調合していたということに、生活美を感じられます。ハーブを混ぜたポプリとちがってつんと来る香が匂い袋の特徴といえましょう。

その後武家の時代になると匂い袋は「追風用意」と呼ばれ、これは、人間が通った後にいい香りを周辺に漂わせるために、外出する時には、衣服に香を抱き込み、追い風を利用して、向き合う人に良い香りを与えようとしたわけです。兼好法師の徒然草の中に『寝殿より御堂の廊に通ふ女房の追風用意など、人目なき山里ともいはず、心遣ひしたり』寝殿から仏事を行なう御仏堂への廊下を通る女房たちが香りを漂わせているのは、人目のない山里にもかかわらず心使いがあると述べています。江戸時代、大名の心得として身に着けていたようで江戸城内で殿様が廊下を通るときに、茶坊主が平伏していてその香りを嗅ぎ分けて「・・・の守様、お通り」と声をかけて、その殿様の部屋の戸を開けさせたものと伝えられています。ちなみに徳川家康の持ち香は「千年の菊香」でした。

この匂い袋の大きなものが掛け香として薬玉（くすだま）または訶梨勒（かりろく）と呼ばれ、沈香、白檀、丁字、麝香（じゃこう）、竜脳などの香料を調合して絹の袋に入れ、柱などに掛けて使われます。お正月やお茶席の飾りとして今でも見ることができます。

江戸時代に現在お香の中で最も身近に使う『線香』が中国の五島一官によって伝わります。安定した世、公家の文明復興が香を発展させました。大名家の娘の婚礼調度品には見事な工芸品の香道具が揃えられ、当時の女子用教養書「女重宝記」には香の聞き方が詳しく載っていました。十返舎一九の辞世の句にも線香がでてきます。

「この世をば どりゃお暇（いとま）に 線香の 煙とともに 灰（はい）左様なら」
「この世をそろそろお暇しよう。（葬式の）線香の煙とともに、はいさようなら」

文明開化という時代の波から、ヨーロッパから香りが香水という形で伝わり、それを使った『香水香』というお線香がモガ（もだんがーる）達の間が流行します。
戦争により香料が不足し、代替品の香りから、線香の香りを「抹香臭い」と呼ばれたりもします。その後、日本贔屓の外国人の活躍がきっかけの和ブーム、また香りを療法としてつかうアロマテラピーのひろまりによって、お香が見直されています。火の力を借りて煙に香りを載せて楽しむ世界。それは古くて新しいアロマテラピーともいえるでしょう。

《参考文献》

・『香千載―香が語る日本文化史』畑 正高監修（光村推古書院　2001年）

・『香道の歴史事典』神保博行著（柏書房　2003年）

・『メンタルケアのためのハーブ・アロマ・インセンス活用事典』クリッシーワイルドウッド著,林 真一郎監修（東京堂出版　2007年）

・『香の文化史』―日本における沈香需要の歴史 松原 睦著（雄山閣　2012年）

・『薫集類抄の研究―附・薫物資料集成』田中圭子著（弥井書店　2012年）

・『お香の楽しみ方』全国薫物線香組合協議会発行

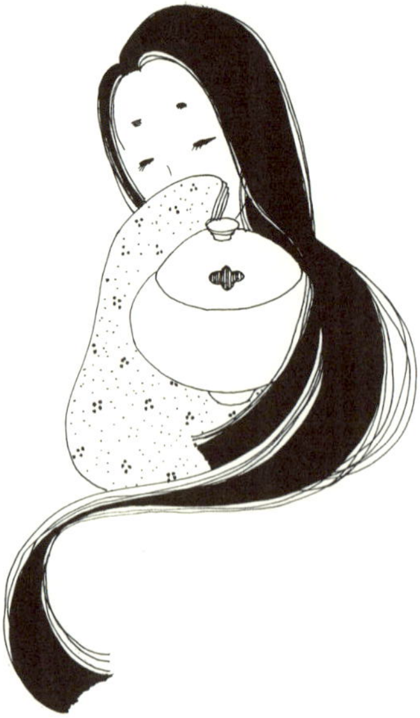

《監修・著者からの謝辞》

おかげさまでこの『癒しのお香』をテキストにして、各地でお香講座を開催しています。ヨーロッパ・アメリカでの「インセンス」の利用も、現地でのオーガニックスーパーや、自然療法を提案するお店・スポーツクラブで見るシーンが増えてきました。

日本でも、仏事だけでなく、写経や瞑想でお香が焚かれたり、塗香(ずこう)として使用されています。インセンスの楽しみが、自然を愛する方に広まることを新月に、お香の薫りにつつまれながら祈ります。

本書では、中学時代からの友人・篠田恵理佳さんに素敵なハーブのイラストを、翻訳だけでなくアドバイスいただいた畑澤裕子先生、企画提案はアロマプランナーの豊泉真知子さん、ご尽力いただいたガイアブックス・吉田初音さん、いつも応援してくれる家族と友人、そして本書を手に取ってくださった皆様に深く感謝いたします。

長谷川弘江

監修・著者：

長谷川　弘江（はせがわ ひろえ）

（公社）日本アロマ環境協会・認定インストラクター。（社）自然療法機構・認定　自然療法士。薫物屋香楽・認定香司。ヒルデガルトフォーラム・ジャパン副代表。KCS熊井明子ポプリの会講師。ハーバリストクラブ会員。自らと家族の癌治療体験から、伝承と身近な植物のルネサンスをテーマに活動中。共著に『日本のハーブ辞典』（東京堂出版）、『絵師で彩る世界の民族衣装図鑑』（サイドランチ）、編集協力に『絵師×魔女・魔法少女図鑑』（エムディエヌコーポレーション）などがある。

著　　者：

カーリン・ブランドル（Karin Brandl）

1960年生まれ。デザイン学士。作家、芸術家、占星術師としてドイツで活動。本書のテーマに関しても、セミナーやワークショップを開いている。
『魔力－内なる子どもの創造性』『あなたなしで生きられない－エネルギーの結合と解除』『タロット占い－自分の内面が知っていることを認識する』『オーラで内なる力を守る－自分のエネルギーフィールドを効果的に守る方法』などの著書がある。

翻 訳 者：

畑澤　裕子（はたさわ ゆうこ）

上智大学文学部ドイツ文学科博士後期課程修了。現在、明治薬科大学ほかでドイツ語担当非常勤講師を務める。訳書に『ヒルデガルトの宝石療法』（フレグランスジャーナル社）、『薬草魔女のナチュラルライフ』『モニカ・ヴェルナーのアロマテラピー実践事典』（いずれも東京堂出版）、『癒しの石』（ガイアブックス）など多数。

本文イラスト：

篠田　恵理佳（しのだ えりか）

熊井明子ポプリの会講師。

企画提案：

豊泉　真知子（とよいずみ まちこ）

GREEN GRASS チーフプランナー。
〒336-0931　さいたま市緑区原山2-33-8-3-402
TEL 048-886-6613　FAX 048-886-6514　E-mail greengrass@nify.com

改訂新版　癒しのお香

発　　行　2014年10月1日
発 行 者　平野　陽三
発 行 所　株式会社ガイアブックス
〒169-0074　東京都新宿区北新宿3-14-8
TEL. 03 (3366) 1411　FAX. 03 (3366) 3503
http://www.gaiajapan.co.jp
印　　刷　モリモト印刷株式会社

ISBN 978-4-88282-926-3 C0076

Räucherduft und Feuerzauber by Karin Brandl

ガイアブックスの本

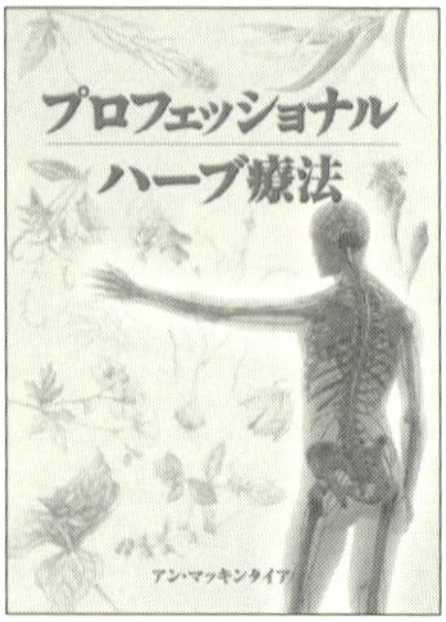

プロフェッショナル ハーブ療法

本格ハーブ療法のプロ用実践ガイド

著者：アン・マッキンタイア

ハーブ療法の概要をはじめ、150種におよぶ詳細なハーブ図鑑（マテリアメディカ）や軽い不調を緩和する対処法を解説。最新の研究結果や栽培・収穫・処理方法も収載。

256頁／B5変型／並製／オールカラー
本体価格 3,300円

アロマ療法大全

精油成分と身体への作用がひと目でわかる

著者：モニカ・ヴェルナー／ルート・フォン・ブランシュヴァイク

105の精油と15のキャリアオイルの詳細データとエビデンスに基づく効能性の高い症状別の組合せレシピを収載。メディカルアロマセラピーの可能性を広げる一冊。

336頁／B5変型／上製／オールカラー
本体価格 4,400円

緩和ケアの本質と実践

終末期の患者に対するケアと心構え

著者：ヨハン・クリストフ・シュトゥデント／アンネドーレ・ナピヴォツキー
監修者：帯津 良一

「気づく」「わかる」「守る」という看護能力に焦点を当て、全人的な観点に立って編纂。心や痛みに寄り添うケア、倫理・モラル・権利を守るケアまで、幅広く網羅した専門書。

296頁／B5変型／上製／オールカラー
本体価格 3,800円